LOCUS

LOCUS

LOCUS

LOCUS

Smile, please

Smile 81　熱情人生的冰淇淋哲學

The Renaissance Soul

作者：瑪格麗特・羅賓絲婷 Margaret Lobenstine

譯者：劉怡女

責任編輯：陳郁馨（初版）、吳瑞淑（二版）

封面設計／插畫：bianco_tsai

美術編輯：許慈力

特約校對：呂佳真

內頁排版：林婕瀅

出版者：大塊文化出版股份有限公司

台北市105022南京東路四段25號11樓

www.locuspublishing.com

電子信箱：locus@locuspublishing.com

讀者服務專線：0800 006 689

電話：(02) 8712 3898　　傳真：(02) 8712 3897

郵撥帳號：1895 5675

戶名：大塊文化出版股份有限公司

法律顧問：董安丹律師、顧慕堯律師

總經銷：大和書報圖書股份有限公司

地址：新北市新莊區五工五路2號

TEL：(02)8990 2588　　FAX：(02)2290 1658

初版一刷：2007年 11月

二版四刷：2022年4月

定價：新台幣 380 元

Printed in Taiwan

熱情人生的冰淇淋哲學

The Renaissance Soul

經典新版

瑪格麗特・羅賓絲婷 Margaret Lobenstine 著
劉怡女 譯

目錄

PART TWO 管理熱情

PART THREE 兼顧現實

PART FOUR 理想的生活

導論 你患有熱情花心症候群嗎？

請問，當你聽到別人說出「我從小就立定志向」這種話，會不會嫉妒？

請問，你是不是對於自己「樣樣通，樣樣鬆」感到氣餒，因為你迷上太多事物，卻始終沒能在其中一件事上成為專家？

也許你已經成為某一方面或某些領域的專家，但別人期望你下半輩子都待在現有領域，你會不會覺得受到限制？

請問，那些傳授職場教戰守則、為社會新鮮人提供建議的書籍裡面，假如大力主張你應該找出單單一個愛好或者目標，這種說法會不會讓你感到挫折？

請問，你是不是樂於投入多種興趣而且不斷改變你的興趣，但聽到家人或朋友問起：「你為什麼就不能找出真正想做的事，專心做下去？」你會不會覺得沮喪？

如果你對上述問題的回答都是「會」或「是」，就請你往下讀！很可能你就是一個擁有「多面向發展能力」的「文藝復興人」，你由於興趣多樣而活力旺盛，並因此改寫了成功的定義。也很可能你正處於某種程度的掙扎之中，因為不是人人都能理解你的工作方式和愛好。請你先記住：有了本書的建議之後，你可以把自己這種個性轉化為利器，用它來設計一個活躍而充實的生命。

拜託，不要逼我做選擇！

怎麼樣的人，是擁有多面向發展能力的文藝復興人？一言以蔽之，這種人在面臨與事業或嗜好有關的課題時，最先想到的是：「拜託不要逼我做選擇！」這種人比一般人更傾向於追求多種興趣，而不是把選項縮減為單一一項。這種人喜歡承擔新的問題或情況，一頭栽進去，直到把為自己設下的挑戰都搞定之後，就帶著新的興致移向下一個熱情。這些人是幸運兒，假如凡事都能作主，絕對不會無聊太久。

然而，一個多面向發展的人有時候並不覺得自己幸運。雖然文藝復興人在以前那段漫長而榮耀的歷史中四處奔走，合縱連橫，發明革新器械，寫出偉大小說，領導軍隊打勝仗，但今日的文化通常硬要說這種多才多藝的人是有缺點的。剛開始找我諮詢的客戶，常坐在我辦公室的搖椅上嘆著氣說：「我是怎麼回事？為什麼我沒辦法專心？為什麼沒有人懂我？」

◎案例：瑪熙找不到一件事可以全心投入

瑪熙在一家忙碌的醫療診所擔任櫃台接待員。她結束了忙亂的一天後來找我。她遲到了，因為她的老爺車又故障了，她得另外借一輛車。「我要來你這裡找你談，」她告訴我：「因為我要多賺點錢。我要找到一項事業持續努力下去。我不能一輩子都在安排小兒科的門診時刻表！我不想到我退休的時候成了一個流浪婆！」

我問瑪熙，她這一生還想做哪些別的事。她長篇大論說了一堆。她大學時代忙得昏頭轉向，雙修天文學和法文，也熱中於戲劇活動，並曾暫停學業到海外旅行一年。然後她去當保母，好清償為了旅行所借的貸款；然後她在一個跟百老匯隔了三大圈的劇場裡擔任工作人員；然後她去旅行社工作；然後……「你大概懂了吧？」瑪熙說：「我爸媽向別人解釋：『喔，瑪熙只是還沒定下來。』他們已經說到煩了。他們說的是真的，我二十七歲了，還沒找到一件能讓我全心投入的事情。怎麼可能呢？我只要想到一種可能的事業，就會再想出其他兩種可能性。所以我不鎖定一個完美選擇，反而把時間都花在沒前途的工作上，就像我現在這份差事。」

◎案例：多才多藝是一種罪嗎？

克雷格和瑪熙不一樣。三十五歲的克雷格發展了多項天賦，並沒有逼迫自己只能選擇其中一項。但是他覺得自己由於這種反傳統的優異表現而遭到別人排斥。我遇到克雷格的時候，他是個已有著作出版的詩人，還在本地一個受歡迎的樂團裡擔任團長。我們首次會面時，他覺得他動彈不得，幾乎吼著對我說：「我不懂。我拿出來的推薦信能夠讓大部分人臉色為之一震。但，就因為我做過許多不一樣的事，就因為我的履歷不同於傳統，昨天面試我的那個女人說我這種經歷是大雜燴，不會有人想雇用我！我對於財務規劃管理很有興趣，但就算我說我願意接受最基層的職位，大家還是要問我有沒有在學校讀過商業課程，或者我有沒有做過銷售工作。我說：『在藝術界，每個創作者都是推銷員。』但他們就是不懂。我從來沒有在初步面試之後得到進一步面試的機會。請問，多才多藝是一種罪嗎？」

◎案例：生命不可能只是這樣

吉姆擁有極為「可敬」的履歷，但他也像瑪熙和克雷格一樣，在首次和我約談時也覺得遭遇困境。他身穿高雅的三件式西裝，開了一輛閃亮的黑色凌志轎車，散發成功人士風範。他年紀輕輕便進入家族經營的營造事業，展現出他在財務、建設和人力資源方面的非凡天賦。我認識他的時候，他正經營著一個規模龐大的事業集團。他的四十五歲生日即將到來，一切似乎都如他所願，只不過——

只不過，吉姆現在不想碰工作。他不想再打電話找人、不想再管接下來要做的五年計畫，也不想接電話。他妻子很擔心，要他來找我談。

「老實說，我無聊死了！」吉姆終於脫口而出：「想到這輩子都得這樣弄提案、投標、合併、跟別人哈啦、雇用人開除人，我就覺得胃都打結了。我知道我對這些很在行，也知道大部分的人寧願與我交換。但我不是他們。事實上，我覺得自己在做不適合自己的事。」

吉姆談到他頗為享受事業開展的頭五年，在那段時間學著了解這一行，並發展才能：「不過，偷偷告訴你吧，我工作不到五年就厭倦了。我偶爾會覺得興奮，譬如電腦藍圖印出來的時候，但基本上我知道自己失去了活力。那時我對農業綠色革命很感興趣，也學了一點義大利文，我好喜歡學新語言！總之我想離開公司去做別的事。可是一個成熟男人不該這樣做。我認識的人都不會這樣做。負責任的人不會這樣。所以，我留了下來。

「但我快四十五歲了，再也不想撐下去。家人認為我瘋了才會拋棄這些成功，但我的內心在枯萎。我的生命不可能只是這樣，還有太多的事我想嘗試。」

吉姆、瑪熙和克雷格都不是特例。你也不是。你只有一個問題：你這種不願意選擇一條特定的道路堅持下去的狀況，打從一開始就不該被當成是個「問題」。我要再次叫你放心：你想追求許多（而且是經常變動的）興趣，這是你性格裡最棒的特質之一。本書將會幫助你認識你內在的文藝復興靈魂，介紹你認識許多同類人物。本書會提供許多禁得起時間考驗的方法，協助你駕馭你多樣而分歧的興趣，讓你無論是想保有手上的工作或是想轉換新跑道，都能過得生氣蓬勃。由於這類人經常會擔憂，走出了傳統的一步一步往上爬的職業生涯，最後會不會窮愁潦倒，所以本書也將說明，如何以經濟上可行的方式來培養你的多種熱情。

用全新觀點審視你的個性特質

我使用「多面向發展的文藝復興人」（The Renaissance Soul）一詞，是受到了歷史悠久的「文藝復興理想人類」此一概念的啟發。約當十四世紀早期到十六世紀晚期的歐洲，興起了一股強調人類個別主體性及自我表達的觀念。在這之前的中世紀，主流哲學認為，個人存在的最高目的，是為自己永恆的靈魂祈禱，確保死後還有生命，並接受塵世的宿命；但文藝復興時期的思想家不再這樣認為。文藝復興時期對於個人潛力的迷戀，激發出一股志在探究與實驗的精神。這時期的閃耀人物勇闖未知之境；嘗試新型態的政府組織方式；針對植物、動物和自然元素進行科學研究；發明火槍與印刷術等新科技；藝術上的成就達到令人目眩神迷的高度。

文藝復興時代要求世人成為一種能貼近時代勇敢氣息的新人類。這個新理想緣於義大利建築師暨藝術理論家亞伯提（Leon Battista Alberti, 1404-72）的著作，他大膽宣稱「只要有心，人皆全能」。亞伯提稱這類多才多藝的人為Uoma Universale，意即「全人」，但這個詞彙在史籍中被稱為「文藝復興人」。說文藝復興人「多才多藝，面面俱到」是低估了他們。文藝復興人需要發展出自己對於自然科學與哲學的理解（這項要求對大部分的現代人來說是一大難事），同時又要在體能、藝術追求和儒雅的交談之道等方面有所成就。

有些多面向發展的文藝復興人（不論男女），確實體現了亞伯提所主張的「全能」。大部分人會先想到達文西（Leonardo da Vinci, 1452-1519）。不錯，達文西創作出了舉世知名的畫作〈蒙娜麗莎的微笑〉和輝煌壁畫〈最後晚餐〉，他也研讀地理、水利學、音樂、雕塑和植物學。他還建造運河，並設計腳踏車、樂器、尖端武器與戰鬥器械。此外，他對人體解剖學的理解程度讓人驚訝。

另一個絕佳例子是伊莎貝拉・德斯特女侯爵（Isabella d'Este, 1474-1539）。這個文藝復興人，在丈夫死後，繼位為義大利孟杜瓦領主，展現傑出的政治天分。她還成立了一所青年女子學院，擁有令人佩服的藝術收藏，能彈奏魯特琴，會說希臘語和拉丁語。她寫過將近兩千封討論政治與戰爭的信件，從內容來看，簡直可以稱呼她為歷史學家了，而這是她那時代的女性只能想望卻無從擁有的頭銜。

還有英國政治家托瑪斯・摩爾爵士（Sir Thomas More, 1478-1535）。他在宗教的召喚與政治生涯之間掙扎，而他做了現今我們這種人很自然也會做的事：他先做其中一項，再做另一項。他先在修道院隱遁了幾年，然後現身，成為傑出的公僕。他擔任倫敦的代理執行官，照顧窮人，協助解決羊毛交易爭端，並在一五一七年發生於倫敦、因抗議外國人而起的暴動事件中擔任斡旋要角，平息怒火。另外，他出版了幾本重要的翻譯作品以及他的傳世名著《烏托邦》（*Utopia*）。最後，摩爾由於反對亨利八世擔任英格蘭教會領袖而遭到砍頭處死。他去世四百年後，又扮演了一個新角色，在一九三五年由當時教宗庇護十一世（Pope Pius XI）冊封為聖徒。

不是出生於文藝復興時代的人，也能成為一個多面向發展的文藝復興人。我最喜愛的箇中典範，事實上是來自美國殖民地時代的班哲明．富蘭克林（Benjamin Franklin）。他是畫家、發明家、作家、外交家，他並且融合了文藝復興人的無窮好奇心與腳踏實地、相信有志竟成的美國精神。本書將會經常提起他。

現代的文藝復興靈魂

我十年前開始從事生涯規劃及事業規劃的諮詢訓練工作，那時我還沒想到富蘭克林或達文西這一類高舉文藝復興理想的人物。我會走入這一行，要追溯到當初我經營的民宿擴展成為美國第一個旅店經營實習計畫；為期一星期的課程結束後，我總會和前來上課的人員聊起為什麼他們對民宿事業感興趣。聽過一個又一個前來實習的人說出心聲，我覺得錯愕。為數眾多的人並不是認真看待民宿經營，卻是把這事兒視為一個可以讓他們逃避現實的夢：有人夢想著在最喜愛的度假景點開家小餐廳，有人想在

歷史上的多面向發展人才

以下這份簡短名單所收錄的人，只是在歷史中流芳百世的少數幾個文藝復興靈魂。

□ 印和闐（Imhotep，約公元前三千年）：埃及人，建造階梯金字塔的建築師、大祭司、天文學家、經師，也是內科醫生，著有《本草藥目》（*materia medica*），把古埃及的醫療知識以紙莎草紙編纂成冊。

□ 亞里斯多德（Aristotle，公元前384-322）：希臘邏輯學家、神學家、科學家、倫理學家、修辭學家。

□ 阿爾哈森（Abū 'Aí ai-Hasan ibn al-Haytham, 965-1039）：阿拉伯水利工程師、天文學家、光學家，他所發表的視覺理論直到十七世紀還廣泛流通。他也是藝術家。他令人驚艷的數學手稿複製品，現今仍在伊斯坦堡展出。

□ 希爾德佳．馮．賓根（Hildegard von Bingen, 1098-1179）：德國本篤會修道院女院長、前瞻思想家、神學家、教宗與國王的顧問，能作曲，並研讀醫學。

□ 瑪麗．賀伯特女伯爵（Mary〔Sidney〕Herbert, 1561-1621）：音樂及文學藝術

活動贊助者、詩作的編輯與翻譯、作家。她精通多國語言，包括法文、義大利文、拉丁文及希臘文。此外育有四名子女。

□杜德利伯爵（Sir Robert Dudley, 1574-1649）：英國航海家，製作了史上第一幅世界航海地圖。也是數學家。曾經負責抽乾義大利比薩斜塔外圍沼澤的工程。曾經出錢贊助私掠船出海打劫。

□哲斐遜（Thomas Jefferson, 1743-1826）：參與擬定「美國獨立宣言」。原是農夫出身的南方仕紳，經營鉚釘製造機買賣。當過外交家。創辦了維吉尼亞大學，並設計建造了維吉尼亞大學的校舍與自宅「蒙提薩羅山莊」（Monticello）。擔任過美國總統。也是藏書家，他的藏書為後來的美國國會圖書館奠定了基礎。

□南丁格爾（Florence Nightingale, 1820-1910）：英國人，護士先驅，推動醫療照護專業化，改革醫療衛生，也是作家，兼統計學者。

□喬治・華盛頓・卡佛（George Washington Carver, 1864-1943）：美國黑人化學家暨農學家，研發出代糖、美乃滋和即溶咖啡等多種產品。他還是教育家、商人、醫療工作者、藝術家、作家及社會改革者。

□邱吉爾（Winston Churchill, 1874-1965）：帶領英國度過風雨飄搖的世界大戰。數篇演說成為當代最精彩講詞。也是畫家，他的水彩畫作如今懸掛在紐約大都會藝術博物館、華盛頓特區的史密森尼博物館和倫敦皇家學院。他並且是諾貝爾文學獎得主。

□伍迪·蓋瑟瑞（Woody Guthrie, 1912-67）：美國歌手暨作曲家，為美國民歌界注入新活力。批評社會現象，當過軍人、水手、漫畫家、壁畫家，撰寫過傳記，熱愛搭便車旅行，也是個自學出身的哲學家。

城裡一處奇巧街角開家書店。我與他們談到他們到底想逃避什麼，他們的人生發生了什麼事。我發現自己善於聆聽，而且很能提出發人深省的問題，足以引發富有創意的對策。我開始夢想能從事生涯規劃的輔導事業。我一九九二年結束了民宿事業，開始研究這個諮詢顧問的新領域，而後我開始掛牌執業。

我的客戶來自美國社會各行各業：醫師、律師、建築師、作家、餐廳老闆、治療師、藝術工作者、針灸師、公司行號老闆。其中有人只靠發送報紙的收入來餬口，有人則不管早上要不要趕上班，都能在每年元旦收到信託基金寄來一筆金額可觀的支票。但其中不少客戶似乎都很難做出抉擇，無論是要選擇事業方向，或是在給薪工作之外選擇從事什麼活動，他們都覺得困難。他們的問題，感覺上比「我應該如何餬口」的問題還要嚴重，而近乎是哲學、甚至是關於存在的難題。「這樣下去會有什麼結果？」他們語氣中充滿挫折感：「為什麼我無法下定決心？要是我辦得到，我的人生會輕鬆得多！」

這些哀嘆在我聽來當然耳熟，因為這些年來我也經常如此自問。我擔心，我這樣任性追求種種興趣，我將無法累積成果、沒有能力養家。雖然我努力投入了一系列非常有趣但彼此之間毫無關聯的事業，並因此賺得不錯收入，但我這些擔心不曾消失。我甚至曾經為了不想向不懂我的朋友解釋為什麼我又做了一次事業大轉彎，竟然裝病不赴約！因此，我展開諮詢顧問事業之後，當客戶對我說話時，我會仔細聆聽並提出問題。我漸漸從他們的說法中聽出模式：他們追求自己多方面的熱情，但身邊親友勸戒他們「選定一項，專心去做」，這為他們帶來壓力。他們自己遇到經濟壓力，充滿挫折感。隨著我聽出這類模式，我所做的評估也就變得更大膽。

「介不介意我做個推測？」我會問客戶：「我來描述幾項個性特質，然後你告訴我，這些描述像不像你。」我會說對方可以同時對好幾件事感到興奮，然後會害怕自己一輩子困在同樣的事業或活動，而且有時候在挑戰並完成了一項新任務之後會感到無聊。

「我就是這樣！」客戶通常會驚呼：「你怎麼說得這麼準？」我進一步描述這些人格特質，並且說明有多少人也有同樣特質。這時，坐在我對面的客戶會出現放鬆神情，有人甚至因為太過興奮而差點跳下椅子。我的說法顯然觸動了某些客戶內心深處。他們很高興發現自己並非異類，世上還有其他很棒的人也和他們一樣擁有這類人格特質，而那些人的豐富生命可以照亮自己的獨特道路。

然後，我開始把這些人和我自己稱為「多面向發展的文藝復興人」。這個新名詞幫助了像我在前面所提到的瑪熙、克雷格和吉姆這類人，用正面角度重新界定他們的人格特質。凡是長久以來被貼上「半吊子」或「怪胎」，甚至「沒出息」標籤的人，不妨回顧文藝復興時代的氛圍，在

五個徵兆，說明你可能是個多面向發展的人

1. 可以同時對許多事感到興奮，往往難以在其中做出抉擇。
2. 熱愛新挑戰，但在精通了那項挑戰之後，容易感到無聊。
3. 害怕一輩子困在同樣的事業或活動裡。
4. 習於對多種興趣迅速投入，有時候成績令人不盡滿意。
5. 事業達到成功之後，會感到無聊或者焦躁。

那時代，追求多種興趣的人是備受推崇的。

這個概念擴散得很快，我覺得驚訝，也覺得興奮。新客戶會對我說：「我同事向我提過你。她說她兒子就是這種人，而我可能也是。她還說你可以幫助像我們這樣的人往前進。」有些客戶一聽到朋友提起「多面向發展」的概念就大受吸引，對我說：「我終於找到字詞來描述我的感受了。」有些父母親打電話找我，希望為他們的孩子買我課程的優待券。我很享受這份工作，很喜歡協助這些擁有多面向發展能力的人離開低薪的工作，離開對多樣事物都擁有熱情卻虎頭蛇尾的模式，或者離開他們已覺得無聊的事業。不久我便開設了工作室和課程。我先是在麻州大學開課，很快便收到各種邀約，希望我向他們的公司或組織成員講述什麼是多面向發展的人才。來聽我講話的對象各式各樣，從波士頓成人教育中心的組員，到悉達瑜伽基金會（SYDA Foundation）國際總部的生命諮詢師全國會議。

這本書提供的協助

過去十幾年來，我接觸過上千個多面向發展的人才，並發展出許多策略幫助他們「解套」，發揮特質。我寫這本書，就是為了分享我所發現的祕密。

本書第一部，會引導你重新思考自己的個性，讓你把自己看成是健康而充滿潛力的人。這幾章會反駁幾項有害的迷思，譬如很多人會說一個多面向發展的人注定窮困一輩子，或者說這種人是無法專心、注意力不足的人。第一部是準備工作，會帶你找出自己內心深處最重視的事物。

第二部會讓你看到如何追求各種愛好，不至於感到分身乏術。你會學到「選擇」與「聚焦」這兩者的分野，認識到「選擇」會讓人無法動彈，而「聚焦」可以讓人自由。讀到這裡，一個多面向發展的人會對自己的新身分感到興奮。

第三部將會說明如何把你的熱情轉成一種收入的來源，以及如何可以不必在每一次改變興趣後都必須從最基層開始。這幾章還會提供建議，讓你知道如何向

多面向發展人才的人生可能

1. 每一次追求一種事業，逐一嘗試不同的跑道。
2. 建立「工作傘」式的事業，也就是找到一份可以讓你結合好幾種不同興趣的工作。
3. 做兩份可以同時進行，而且通常能互補的工作，例如在銀行業工作兼任財經新聞記者，或者家庭主婦兼任某社會運動志工。
4. 保有一份領薪水的工作，而這工作符合你的興趣。
5. 追求一份能讓你滿足多種興趣的單一事業。

家人、朋友和同事說明你的狀況（以及回答那個在所有社交場合都會出現的問題：「你是做什麼的？」）。此外，由於一個多面向發展的人可能比別人需要較多的教育或職業訓練，也會有一章探討該不該把時間與金錢投資在研究所上面。

由於傳統的生涯規劃法不見得有利於多面向發展的人才，第四部將會勾勒幾種策略，讓你展現你專心、設定目標和管理時間的能力，而這些做法將可以順應你的個性，不會要你違反本性。

本書最後，會針對那些在改造生命的過程中深懷恐懼的人，或是懷疑自己做不做得到的人，提供額外的幫助。

以下要提供第一項工具。我根據多年的諮詢和工作室經驗，整理了一份測驗。假如你做完這份測驗之後還是不確定自己算不算是多面向發展的人，不妨先往下閱讀第一章，我會詳細描述這個概念。

你是一個多面向發展的人嗎？

請依據你的第一個念頭回答以下問題：

1. 你會因為好多種不同的主題而感到滿腔熱忱、興奮莫名嗎？ □是 □否
2. 你是否很難從兩種興趣當中選定一項？ □是 □否
3. 你會不會自己打斷自己，丟下未完成的工作，改做另一項？ □是 □否
4. 當你確實懂了某件事的做法，或者精通了一項活動之後，你會覺得無聊，想要嘗試新事物嗎？ □是 □否
5. 你從小就對於「長大後想做什麼」這個問題有許多答案嗎？ □是 □否
6. 朋友及同事會不會來找你詢問各種事情，甚至超越你的職掌領域，而他們很欣賞你能夠把看似不相關的主題連結在一起的能力？ □是 □否
7. 你想出了點子之後，是否寧願授權出去或者另外雇人，讓別人把點子落實？ □是 □否
8. 你曾經說自己是「十八般武藝在身，樣樣通樣樣鬆」，或是「半瓶水」嗎？ □是 □否

9. 書店或圖書館在你眼中是否像糖果店，每個角落都陳列著充滿吸引力的事物？　□是　□否

10. 你很難回答「未來五年內打算做什麼」這個問題嗎？　□是　□否

11. 朋友曾經建議你去參加益智問答節目，因為你「對什麼都知道一點」？　□是　□否

12. 別人是否說過他們喜歡和你交談，因為你對他們的計畫與活動都表現出熱忱？　□是　□否

13. 對於傳統的時間管理法與組織經營方式，例如長程計畫或詳細的行程規劃，你是否抱持懷疑態度？　□是　□否

14. 你上大學的時候，是否選擇了跨領域的學科或者雙主修？□是□否

15. 你在大學時專攻某一特定科目，但在結業之後又進入其他新領域？　□是□否

16. 你是否在工作上展現出能力、甚至大獲成功之後，覺得自己寧可做別的事，雖然你還不確定自己究竟想做什麼？　□是　□否

17. 某件事持續做一兩年後，你會不會心癢，想改做其他事情？　□是　□否

18. 家人是否曾經建議你，「你應該定下來，在一個領域闖出名號，不要一直轉換跑道」？ □是 □否

19. 朋友或家人向別人提到你時，他們是否常說：「喔，他只是還沒定下來。他老是想嘗試不同的事。我希望他弄清楚自己到底志在何方，然後堅持到底！」 □是 □否

20. 你是否不信任自己做決定的能力，因為你「一度確定」自己想成為X，也「一度確定」自己想成為Y，也「一度確定」自己想成為Z，而且還……
□是 □否

上述二十問之中，假如你回答了九個以上的「是」，那麼你就有「熱情花心症候群」，你可以大聲說自己是一個「多面向發展的人才」。然而，份簡短的測驗實在難以精確，假如你對三、四個問題回答了「是」，而你回答的時候是抱著強烈的認同感，你也不妨透過本書更加認識自己。

PART ONE

正名

1 多面向發展的文藝復興靈魂

姊姊向我提到「多面向發展的文藝復興人」這個概念時，我聽了好興奮。可是，後來我用這個觀點向男友解釋我為什麼做事情會虎頭蛇尾，他笑了笑說我只是懶惰。我也用這個觀點向我那個當房地產經紀人的朋友珍妮解釋我為什麼不能像她一樣，選定一個領域留下來。她說我不必再給自己加一個外號，我只要能做到自律就行。他們說的是對的嗎？我該如何知道我是不是貨真價實的多面向發展人才呢？

——崔西，二十五歲

你做了前面的測驗，判斷自己是一個多面向發展的人，但你可能還是會有疑問：我並不擁有達文西那般的天才，也可以算是文藝復興人嗎？可不可能，我明明事業一帆風順，卻仍然覺得自己擁有許多種熱情與興趣？你可能也想知道還有多少人擁有與你類似的人格特質，特別是如果你一直覺得自己格格不入，你會更想知道有沒有人和你一樣。你可能還會疑惑：為什麼我的興趣如此廣泛？你甚至會覺得：為什麼我還是感到孤單？這一章就帶領各位深入探索什麼是一個多面向發展的人。

從一輩子追求同一種熱情，到興趣廣泛多元

把人類的各種興趣想像成一條連續不斷的長帶，帶子的左端是像莫札特這類的人。莫札特三歲就立志當音樂家，百般懇求大人讓他學鋼琴，連遊戲時間都在想像自己彈鋼琴的景況。長大後，音樂陪著他進食、呼吸、入睡；他年紀輕輕就進入皇室宮廷演出，然後不斷譜出精彩樂章，至死方休。莫札特從來不需要讀勵志書籍或參加心靈成長課程來幫助他辨認自己的熱情，或者協助他釐清自己這輩子該做什麼。（他可能應該來上我的財務管理課程，但這是題外話。）

至於這條長帶的最右端，站著的是興趣廣泛而且不斷改變的富蘭克林。想像一下，富蘭克林如果活在現代，他的朋友和家人對於他這樣走旋轉門似的轉換事業，會有什麼反應？他在草擬美國獨立宣言的過程中扮演關鍵角色，親友可能會期望他接下來在哈佛大學弄到一份終身教職。可是他對於風箏和鑰匙的實驗懷著奇特的迷戀，這該怎麼辦？他妻子可能會說，沒關係，你要不要去麻省理工學院，在科學研究圈找一份穩定的事業？富蘭克林不但沒有這樣做，還說他想出國研習法語和法國文化！朋友建議說，這樣吧，他可以為聯合國或貝立茲語言學習機構（Berlitz）工作。但是，等一下，他還打算設計郵局、發明雙光眼鏡，並且印行他的大作《窮理查年鑑》（*Poor*

Richard's Almanac）。綜觀富蘭克林的一生可以發現，一個人的生平種種經歷可以看似斷裂無關，最後依然能被後人視為偉大的成功範例。（這個觀點有助於調整你親友對你的看法。）

在我的研習課程上，我常把「富蘭克林」當成一個多面向發展人才的簡稱，因為大多數人一聽到這名字就會想到一個多才多藝的親善大使。學員也常會在課程中某個時刻告訴我：「我不是怪胎，我是富蘭克林。」他們臉上寫滿了寬心和自豪。

不過，並不是每個多面向發展的人都能像富蘭克林這樣，把自己的多種熱情發揮得淋漓盡致。有些人在這條長帶上位居中間位置，兼具兩端的特質；有些人其實也能像莫札特那樣專心致志。例如麥特，他是傑出的哈佛醫學院畢業生，但他捨棄了壓力較大的波士頓教學醫院的工作機會，選擇當一個薪酬遠遠不及的鄉村家庭醫師，因為如此一來他才有時間從事其他興趣。麥特樂於終生行醫，可是他無法放棄騎馬、壘球、吹雙簧管的熱情，以及其他各種有待完成的計畫。麥特也是一個多面向發展的文藝復興人。

多面向發展人才的三種人格特質

你也許比較接近中間位置，也可能像富蘭克林那樣站在最右端。但所有多面向發展的人才都擁有三個共同特質，也許有人把這三項特質展現得比較明顯，但多面向發展人才對於以下說明都會有種溫暖的認同感和歸屬感。

◎特質一：喜歡多樣事物，不願只追求一個東西

這不表示這類人做事不專心！事實正好相反，當工作表現達到了顛峰，這類人就和神經外科醫師一樣全神貫注，著重細節。（對於一個碰巧擔任神經外科醫師的文藝復興人來說，這可是一件好事。）只是這類人確實喜愛多元，而一個多面向發展的人才會用各種方式表達出他對其他事物的愛好。

許多多面向發展的人會同時從事好幾種興趣。我的客戶卡洛琳，以扮小丑為業，也講授猶太大屠殺和奧許維茲集中營的歷史。馬克是大學生，主修經濟與英文，副修鋼琴演奏。此外，猜一猜愛倫如何結合她對於城市歷史、商業活動、紡織業和女性議題的愛好？她有一部分時間帶領歐洲觀光客造訪亞特蘭大市裡不為人知的有趣活動，其他時間則從事進出口貿易，銷售土耳其婦女合作社供貨給她的手工地毯。

有一個方法特別可以讓人做到同時從事幾種興趣，那就是把幾種興趣結合在一個頭銜之下，我稱這個為「工作」。以唐恩為例，他把餐廳事業經營成功之後，決定創造第二事業。他妻子建議他接受社工訓練，因為她知道唐恩有心幫助那些有發展障礙的孩子。唐恩的朋友聽說他夢想有一天能參加攀岩和泛舟活動，便建議他，以戶外活動愛好者為對象，經營荒野旅遊的生意。唐恩在社工和荒野旅遊兩者之間選擇了其

一、放棄了另一項嗎？不。現在的他，在緬因州北部經營一處露營地，同時與掏錢的顧客和出身窮苦的小孩一同從事戶外活動。（本書後面會再探討「工作」這主題。）

有些人以輪替的方式來從事多種興趣。貝熙喜愛園藝、編織和助人的工作，於是她隨著季節來改變活動。冬天，她製作嬰兒專用的織品，並且在網路上販賣。到了早春，她為老年人開設編織工作坊，為手部患有關節炎的老人製作以魔鬼氈當扣帶的織品。從晚春到初秋，她的工作是負責訓練監獄囚犯學習戶外園藝與造景。到了晚秋，她為老年人開設的紡織工作坊又要開始上課了。

還有些人一次只做一件事，一直做到他們心思轉移到下一項興趣，因此他們的每一種熱情看起來都像精彩書本裡面的一章。我訪問過一個絕佳例子。鮑伯·羅迪當了七年空軍飛行員之後，進入一家名列財星五十大的企業擔任行銷經理，但十年後他對這工作失去興趣。他在一九八〇年代投入個人電腦產業，掙得員工認股，其間不斷跳槽。目前他在一家提供全球商業規劃及訓練工具的顧問公司當主管，同時潛心投入講演及寫作的新嗜好。

多面向發展的人們，同時面對多樣興趣，不必擔心究竟是該同時進行、輪流進行，還是一次一件；最重要的是應該尊重自己對多種事物的喜愛，不必強迫自己只能選擇其一。你喜歡這種興趣廣泛的生活方式，你也有權利享有這樣的生活方式。

◎特質二：工作方式強調成長與發展，不按照計畫死板行事

多面向發展人才偏好的工作方式，是不照直線前進、過程也不可預測的方式。這類人不會像那些以學術為職業的人，一開始在學校裡選擇文科，接著主修英文，而後縮小為伊莉莎白時代文學，然後縮小到莎士比亞，再縮小到悲劇，到《羅密歐與茱麗葉》，然後繼續縮小，鑽研《羅密歐與茱麗葉》的對白，如此繼續，直到他們選定博士論文主題為止。讓其他人覺得心滿意足的明確選擇，卻可能只會讓這些人倍感束縛。

這種「不要拘束我」的感覺，可能無法被親友理解，特別無法被那些愛提出「五年人生計畫」的學校輔導室和職業生涯顧問理解。在這種五年計畫中，你必須確實描述自己希望五年後成為什麼樣的人，然後勾勒出應採取哪些行動來達成目標，並且制定行動時間表。我得說，具備多面向發展特質的人，當然有能力制定長程計畫並加以執行，但一般來說，他們討厭受制於刻板的長程目標和行動規劃。

多面向發展的人，喜歡的是限制較少、能夠成長進步的工作進程。這類人希望生活方式和計畫可以容許他們改變方向、迎接新的可能性。他們喜歡往未知的方向延伸。我有個客戶凱瑟琳，開發了一門協助個人與公司記錄個人生命史的生意。然後發生了二〇〇一年九月十一日的恐怖攻擊悲劇。凱瑟琳和許多人一樣，感到自己有責任協助受害者。所以，凱瑟琳現在的工作是什麼呢？她追隨內心使命感的召喚，領導一

個全國性的志工組織，為九一一事件受害者記錄他們的生命故事。她沒有死守既有事業，走在固定的路上，反而在環境改變後，把先前的事業經驗轉變成一種全新的面貌。

若要比喻一個多面向發展人才的生命之道，我不會比喻成是奔馳在高速公路或者登山這一類的傳統說法，卻會比喻成一棵向四面八方伸展枝葉的樹；有些樹枝會重疊，有些樹枝會交纏，有些則只管歡欣迎向陽光。

這種有機過程也可運用在日常生活。如果可以選擇，一個多面向發展的人寧願被自己的活力管束，也不想受制於行程、行事曆或者「必做事項」清單。我們或許會在行事曆裡寫下應做事項，例如週四早上要上圖書館或者要做研究，然而到了週四，如果有興致做研究就去做得有聲有色；萬一提不起勁，便轉頭去遛狗、去找客戶聊天、為各種文件設想新的歸檔系統，或者去找其他一萬種我們覺得有趣又值得做的事情裡的其中一件。就算這種隨興而為的方式偶爾會讓這類人感到受挫，但許多文藝復興人就是這樣過日子。

◎特質三：所謂成功，是指征服了挑戰，而不是爬得多高

你可能知道什麼叫做「學習曲線」，你也知道一個人需要多長時間才能掌握新知、征服新的挑戰。剛開始學習一件事時，學習曲線會陡然上升，隨著你逐漸了解新

環境或者認識這件事，這個學習曲線會漸趨平緩。過了曲線最高峰後，學習就變得較為輕鬆，你的效率和生產力隨之提升。

大部分人會害怕那段攀爬學習曲線高峰的艱難時期，但多面向發展的人可不會害怕！這類人在學習新事物和發掘事物運作方式的時候，最為全神貫注。這類人真心喜愛挑戰，而且對於「成功」和「完成」抱持著與別人不同的看法。一旦掌握了某個問題，這件事就算完成，然後就準備去解決其他問題了。但有些多面向發展的人會受制於別人對成功的定義，譬如建設公司老闆吉姆。吉姆的家人和同儕認為，他已經爬到商業界頂端，照理說，他接下來應該陶陶然呼吸高處的稀薄空氣才對，何況他當初費了好一番力氣才爬上最初的幾道階梯。但是對吉姆來說，他最回味無窮的日子是那段初創時期，那時候他全身每個細胞都充分投入其中。

這種對新挑戰的熱愛，使得多面向發展的人才在成功之後，會選擇改變而非延續成功。大部分人假如擁有一家鞋店，經歷多年打拚、員工流動與存貨危機，終於大發利市後，他們會怎麼做？他們可能會延續既定做法，也可能會鬆懈下來，沿用慣例來經營現有店面，也許會建立連鎖店，讓每家分店承襲本店的樣貌。但一個多面向發展的人會怎麼做呢？來我這兒參加研習的人都會脫口而出：「把它賣掉！找別的事來做！」我常想，「經歷過就不想再做」這句話，可能就是這種多面向發展的人說出來的話。

有些人很幸運，及早知道這一點，因此不會在已經黯淡的事業上耗費多年。安妮來我這兒上第一堂諮詢課時，她有一份酒席宴會的餐飲外燴事業，名利雙收，行程滿檔。她同事鼓勵她繼續承接更大規模的宴會，或者開一家外燴餐廳，專賣她最受歡迎的菜式。在同事們看來，成功指的是延續與擴張。但安妮想到要這樣繼續下去就覺得無聊。她思考這一行業的哪些環節對她來說最為困難（物流、用人、菜單設計），然後覺得一切應該到此為止，她再也不想做同樣的事了！安妮渴望新的冒險，於是她離開外燴事業，為一家大型的字典出版社擔任國際業務代表。

不是每個人都能理解你為什麼會渴望新挑戰。面對他們的疑問，你可以用達文西為例來提醒他們：假如達文西生於現代，他可能會被看成一個失敗者，因為他的畫作〈最後晚餐〉並未完成，而且他雖然設計出直升機草圖，卻沒有把他構想中的飛行機器實際做出模型、測試行銷通路、然後把售價提高百分之五十賣給大眾。一個非常勇敢的人才有辦法重新定義成功，這在今日金錢至上的時代尤其如此。

對多面向發展人才的誤解

我有個客戶羅伯特，第二次來找我時顯得侷促不安，緊張得把嘴唇抿成一條線。我見狀頗為擔心。因為羅伯特第一次來找我談的時候，差點中途離開，因為他急著告訴妻子，他那些「莫名其妙」的行為——譬如他從建築學院轉系改讀商業碩士課程，以及熱愛在紙上設計新奇玩意，卻沒興趣投入實際製造生產——其實很可能會為他帶來金錢與名聲。

羅伯特說，他上次回家之後，確實以滿腔熱血向妻子莎拉說明什麼叫做多面向發展的能力。結果他老婆回答：「喔，我懂了。你得了『注意力缺失症』。」於是這會兒羅伯特坐在我面前，洩氣而焦慮。

羅伯特沒有注意力缺失症。但他的確遭遇了多面向發展人才經常面臨的困境：他撞上了一般人對於一個懷有多種熱情的人常有的錯誤觀念。為了幫助你徹底了解自己心裡的文藝復興靈魂，不妨先破解以下幾個迷思。

誤解一：多面向發展，不是注意力缺失症

注意力缺失症（正式名稱為「注意力缺陷過動症」〔Attention Deficit/Hyperactivity Disorder〕）絕不應該與健康的多面向發展行為混為一談。羅患了注意力缺陷過動症的人，無法集中注意力與控制衝動，也無法聚焦或坐定。這種心理疾病，迥異於追求多種興趣的渴望。注意力缺陷過動症患者的衝動，也完全不同於一個具備多重興趣的人在征服一項挑戰後便放手的理性選擇。注意力缺陷過動症可能會影響任何一種人，無論他是興趣極端集中或者極端廣泛。事實上，全世界最早開始研究注意力缺陷過動症、著有《分心不是我的錯》（*Driven to Distraction*）的艾德華．哈洛威爾博士

（Edward Hallowell），竟說莫札特患有注意力缺失症呢！

誤解二：多面向發展的人才，是比較優秀的人

你的多面向發展心靈，展現出你性格裡的某一重要特質，但不是你性格的全部。說你是一個多面向發展的人，不表示你一定乾淨俐落或者一定雜亂無章；不表示你會在繳稅期限之前三個月就整理好稅單，或者你總是過了繳稅截止期限還拖拖拉拉。非常專注於一項事物的人，並不比興趣廣泛的人更有才智、更出名、更成功、更健康，或者更惹人喜愛。

誤解三：多面向發展的人都是天才

許多客戶問我：「我怎麼可能是一個文藝復興人？我又不是天才！」我會這樣回答：最有名的多面向發展人才，的確都是像達文西或富蘭克林那樣的天才，但他們之所以會有名，確實正是因為他們是天才，是人類潛能的顯赫範例；然而我們也聽過像莫札特之類終生追求一項志業的人，他們也是人類潛能的顯赫範例。一個多面向發展的人，不需要表現非凡，不需要精通每一項他們所投入的愛好。我們不會期望每一個與莫札特站在同一端的人都是神童。

誤解四：多面向發展的人才，腦子裡有自動逃避機制

我們都認識幾個靠著保持極度忙碌來逃避自身問題的人。他們把一天時間都排滿，不讓自己停下來，沒有絲毫時間正視生命中的艱難挑戰。也有人逃避做出選擇，只因為他們害怕犯錯。

這樣的行為，與多面向發展能力沒有特別關係。像你這樣擁有多種熱情的人，之所以難以做出抉擇，不是在逃避自身問題。你會猶豫不決，是因為許多事物看起來都頗吸引你，也因為你享受多重挑戰。你是出於好奇與活躍的天性才會投入許多愛好。不過，我有許多客戶或客戶的家屬會納悶，擁有十八般武藝算不算「自動逃避機制」。事實通常正好相反。假如你身邊都是像莫札特那樣專心致志的人，那麼你就需要勇氣與清晰的見解，才有辦法辨認出你擁有一個朝向多面發展的靈魂。

誤解五：多面向發展人才都是跳槽大王

你可能認識幾個像艾力克斯這樣的天生商人：他從小擺地攤，然後讀到ＭＢＡ，認識他的人都知道他會走銷售這一行。他也的確走入這一行，但他使了很多險招。他在七年裡換了四家公司。為什麼？其中兩次，他是因為讀到了文章報導他所處的公司的市占率正在下降。另一次是因為他服務的公司被併購，整個銷售團隊遭到解雇。還有一次是人力公司找上他，他受到吸引，接受了其他待遇更好的工作。

艾力克斯既有天分也有野心，但他並不是一個多面向發展的人才。他和這年頭許多人一樣，無意扮演忠實員工這樣的老套角色，他視自己為自由個體，伺機跳槽，尋找更綠的草地，但他仍留在銷售領域。可是，一個擁有多重熱情與興趣的人，不僅是為了賺錢機會而跳槽，卻是為了跨足新的領域而改變。

醜小鴨變天鵝

上述幾種誤解廣為流傳。這是因為，沒有一個明確的角色典範可以用來代表多面向發展的人才特質。當我面對徬徨失措的文藝復興人，聽到他們吶喊「為什麼我覺得如此孤單」的時候，我都會提起安徒生的一個童話《醜小鴨》。這個童話故事說，有一枚天鵝蛋不慎被放在鴨巢。這隻小天鵝漸漸成長，身邊都是鴨子，沒有成年天鵝可供牠模仿，牠只好拚命學做鴨子。但鴨子們認為小天鵝是失敗品，牠們覺得長頸白軀的生物就是不對勁。可憐的小天鵝覺得自己醜怪殘缺，無藥可救，直到某天牠發現有一群天鵝從頭頂飛過，這才改變牠對生命可能性的看法。「醜小鴨」的缺陷，頓時被認可為正常天鵝所擁有的長處。

這個引人入勝的故事是重要的一課。那些專注於單一特定興趣或者繞著同一個職場軌道運轉的人，在我們的文化裡通常被看成是適應良好的鴨子，而那些樂於投入多種愛好的人，就像是格格不入的天鵝。一個具有多面向發展特質的人，一旦被投以負面看法，可能會一輩子都批判自己、懷疑自己。除非你能和故事裡的小天鵝一樣，有機會目睹其他和你同類的人追求多種興趣，否則你可能到老都自認一無是處。

前面已經提到歷史上幾位多才多藝的典範，但假如再以近年活躍於世界舞台的人物為例，會格外有幫助。有位女士，她的經歷包括如下成就：

曾在迦納和埃及擔任記者。

曾為當紅歌手譜曲，例如發起眾多美國知名歌手演唱〈四海一家〉的黑人歌手貝勒方提（Harry Belafonte）。

為滿堂聽眾授課，出現在無數談話性節目中。

曾參與影視及舞台演出。

曾獲美國國家圖書獎與普立茲獎提名。

曾與馬丁．路德．金恩博士（Dr. Martin Luther King, Jr.）共事，爭取公民權利。

她能演唱爵士歌曲。

她有大學教授資格，教授「美國研究」（American studies）。

曾在歌劇《乞丐與蕩婦》（*Porgy and Bess*）中演出舞蹈。

能說八種語言。

享有美國桂冠詩人聲譽。

她是誰？她是黑人女作家瑪雅．安吉洛（Maya Angelou）！她告訴世人的話，也是一隻天鵝傳遞給其他天鵝的智慧：「我們給了年輕人幫倒忙的建議，告訴他們『小心，不要變成十八般武藝樣樣不通的人』。我沒聽過比這更蠢的話。我認為你可以十八般武藝樣樣精通，假如你認真研究、投注相當的智識與活力，以及相當的熱情，你就做得到。」

這世界由於瑪雅．安吉洛對多種興趣的熱切追求，而變得更好一點點。和她一樣的人還有很多，譬如唐恩（經營餐廳成功後，投入野外營地事業開發）、貝熙（輪流從事編織、園藝、指導老人編織）、愛倫（身兼毛毯進口商、城市旅遊嚮導、女權運動人士）。本書會特別指出那些足堪扮演角色典範的現代文藝復興靈魂，希望他們的生命方式能讓你明白，你的諸多天分是上天賦予；若你能充分駕馭自己多面向發展的心靈，便能擁有更加豐富的生命。

2

常見的疑慮

我一做那個測驗，就知道自己屬於這一類人，讓我開心了整個週末。然而到了週一早上，我重返職場後陷入恐慌：如果我不斷改變興趣，該如何確保財務穩定？我打從心底認為自己非常依賴定期入帳的薪水、升遷與退休金。

——荷西，四十八歲

我並不想讓自己變得不像自己。我很看重自己對於吹奏黑管的熱情，我也不想放棄與有機農場的農夫共事、或參與國民識字閱讀計畫的機會。但是我環視朋友們的進展，見到他們在某個領域持續前進，獲得讚譽，我便開始懷疑，我為了當一個多面向發展的人，得承受自己絕不會變成任何領域專才的感覺，這樣到底值不值得。

——傑德，三十二歲

假設前一章所說的三個特質如實描述了你如何面對工作與其他活動，你這才了解自己在鴨子池裡游了好些年，但自己原來是隻天鵝。這時你不就可以自豪地抖開柔軟羽毛，向世界宣布你的真實身分？

嗯，是可以這樣沒錯。來參加我課程的人，經歷了興奮與認同感之後，接著會安靜下來，然後傳出深深的嘆息與一陣喊喊喳喳：「話是這樣說沒錯，但是……」對此我一點都不意外。打從幼稚園老師善意詢問：「你長大後想做什麼？」我們就被制約了，以為長大後只能成為某一種人。你可能會投入幾年或幾十年時間，想找到你的無上至福（或至少巴著一份薪水不錯的工作）。觀點不容易改變，即使新的觀點更能夠讓你志得意滿，你可能還是有諸多疑問。以下來看一看，多面向發展的人們最常產生的四個疑慮。

疑慮一：現在才要重新來，已經太遲了

剛剛找到自我認同的文藝復興人，最典型的悲嘆是：「為什麼我沒能早點認識自己！現在才要開始追尋各種興趣，已經太晚了。」有趣的是，發出這種怨嘆的人，遍布各種年齡層。在我的研習課程上，二十多歲的學員感傷回顧他們在大學浪費了時間，只專攻一項主修科目，追求單一夢想或事業。我一問起，他們會說：「現在才要開始追求我的各種熱情，我需要先學這個（或者找出那個），但現在才做這些，又太

遲了。我花了四年讀大學，又花了三年在基層工作上。」那些三十多歲、四十多歲和五十多歲的人則對著社會新鮮人嘆息：「但願我剛畢業的頭幾年就有這種課程可以上。」他們說：「現在才要涉足新事物，都太晚了。」至於退休人士則對中年同儕投以羨慕眼光，咕噥著：「要是我在你們那個年紀就了解什麼叫做多面向發展，我的成就可不只是這樣。」

其實，你所擁有的時間比你以為的更多。請花幾分鐘完成以下測驗：「我還有時間」。這份測驗沒辦法額外給你幾年壽命，但它可以讓你得到一個數字，讓你知道你還擁有多少時間的礦藏。對許多人來說，這項練習有如一記當頭棒喝，讓他們可以全心享受身為一個多面向發展人才所面臨的挑戰。

我還有時間！

1. 寫下你預期活到幾歲：__________(A)
2. 寫下你現在的年齡：__________(B)
3. 把A數字減掉B數字，得到：__________(C)
4. 再次寫下你現在的年齡：__________(D)
5. 把D減掉C，得到：__________(E)

這道數學題與你還有多少時光有何關係？C數字顯示你還有多少年可活；為了讓這個數字更具意義，請看最後一個數字E（有可能是負數），它是從另一個方向看過來的。假如E數字與你的現年相當，便表示你還擁有的餘生歲數是你已活過歲數的兩倍之久。

讓我們來看看芭芭拉的例子，她今年四十四歲：

1. 寫下你預期活到幾歲：80 (A)
2. 寫下你現在的年齡：44 (B)
3. 把A數字減掉B數字，得到：36 (C)
4. 再次寫下你現在的年齡：44 (D)
5. 把D減掉C，得到：8 (E)

這樣一計算，芭芭拉還有三十六年可以滿足她的多種熱情。「挺有意思，」芭芭拉可能會這麼說，但態度無所謂。那麼我們就請芭芭拉注意最後一個數字。往前看，芭芭拉還有三十六年歲月；而往後看，三十六年前她只有八歲大，還是個三年級的小學生！想想看她從八歲起學了多少事物，做了多少事：長除法、文法、學習美國歷史、校外教學、從事各種嗜好、兼差工作、人際關係。芭芭拉從八歲至今所得到的經驗、磨練的技巧，多得無法計數。這道算式的啟示是：芭芭拉有的是時間去體驗學習新事物，可以做她她從八歲到現在的這段歲月當中所做過的事。

有人的數字E是負數嗎？來看剛從研究所畢業的約翰如何完成這份問卷。

1. 寫下你預期活到幾歲：85 (A)
2. 寫下你現在的年齡：26 (B)
3. 把A數字減掉B數字，得到：59 (C)
4. 再次寫下你現在的年齡：26 (D)
5. 把D減掉C，得到：負33 (E)

約翰計算出他還有五十九年的餘生。若倒回去算，五十九年前約翰還沒出生，事實上他那時是負三十三歲。換句話說，他在出生前就已經有三十三年可「揮霍」了！

最後來看伊蓮的問卷，她現年六十四歲：

1. 寫下你預期活到幾歲：88 (A)
2. 寫下你現在的年齡：64 (B)
3. 把A數字減掉B數字，得到：24 (C)

4. 再次寫下你現在的年齡：64 (D)

5. 把D減掉C，得到：40 (E)

伊蓮還有二十四年的餘生。我問她，回溯她四十歲的時候，感覺是很久以前的事嗎？「我的天，」她說：「久得我快記不得了！那時候我有一個女兒在讀高中。我還沒開始上繪畫課。不，那時候我在學義大利文！」

「萬一我沒能活到八十八歲呢？」伊蓮反問。所以她決定把預期壽命減少十年，使E數字變成五十歲。她五十歲以來都做了些什麼？她五十歲的時候是否覺得展開任何新事物都已太晚？「我五十歲那年生平第一次上水彩課，而且我樂在其中！那時我還考慮報名社區大學的文學創作班。」

伊蓮還有一項顧慮：「萬一我生病呢？」很多人也會這麼問。「萬一我開始走下坡呢？」為了安全起見，她又減了幾年預期壽命，考慮了失能狀況，使A數字變成七十三歲。就算如此，她仍然有九年時間達成所有計畫。

但伊蓮一臉憂心忡忡。比起先前的答案，九年顯得微不足道。我建議她換個想法。九年等於四百六十八個星期。一段長假期有多久？兩星期？四星期？暑假有十個星期？假如伊蓮突然得到四百六十八個星期的休假，她不覺得自己有充分的時間發掘興趣嗎？這就像擁有五十個暑假來開發自己的潛力！你真該看看伊蓮這時的表情。

那麼你呢？你自從數字E的那個歲數以來，做了哪些事？你是否讀了大學、服過兵役、建立家庭？學會打字與上網？自己種菜務農？自己經營一門生意？參加教會、工商聯誼會？加入舞團、政黨或寫作團體？由於學習樂器或外國語言而得到樂趣？切記，你現在的年齡與你的預期壽命之間的相隔時間，等於你的現齡與最後一個答案之間的相隔時間。無論你現年幾歲，你都有時間讓你的多種興趣與熱情為你帶來美好生命。

你可能像伊蓮一樣，擔心你的E數字失準，未能反映你晚年生病與失能的可能性。如果你擔心這一點，大可據此減少預期壽命。但不要誤以為「老年，就等於失能」。誰能說你什麼時候一定開始「走下坡」？愛爾蘭詩人葉慈（W.B. Yeats, 1865-1939）在七十三歲發表《最後的詩及兩部劇作》（*Last Poems and Two Plays*），那時他在走下坡嗎？米開朗基羅七十二歲開始設計聖彼得大教堂的拱頂。一個九十幾歲的製琴師，製作出兩把最受推崇的義大利史特拉底瓦里小提琴。海倫．凱勒到了七十五歲仍有精力出版《老師》（*Teacher*）一書，記錄安妮．蘇利文（Anne Sullivan）如何幫助她克服失明與聾啞。義大利歌劇作曲家威爾第（Gisueppe Verdi）在七十四歲譜出歌劇《奧賽羅》（*Othello*），八十歲時譜出《法斯塔夫》（*Falstaff*）。

還有一位「本田甜心」，這位八十歲的密西根女士，在一九八九年時的摩托車哩程達到二千八百哩。她五十七歲開始學划水，一心認為人不應該只是坐著，而要向外尋求、回應新挑戰。

難免有學員會說：「划水或騎摩托車也許不難做到，但萬一我想當醫生呢，可能嗎？」想達成野心勃勃的目標，例如獲得醫學博士學位，方法有很多種。有些職業確實是有年齡限制：任何超過十五歲才穿上第一雙芭蕾舞鞋的人，大概不可能進入芝加哥市立現代芭蕾舞團。若你超過四十五歲，我打賭你過不了美國職籃聯盟訓練營的第一關。

但許多偉大的夢想還是能出乎意料達成。想想羅伯特・洛派亭（Robert Lopatin）的例子。他父親是服飾製造商，他大學時代便知道自己將克紹箕裘。儘管他夢想進入醫學院，他仍主修社會學，並攻讀西班牙文、法文和藝術史。他繼承家族企業後，擱置了這些興趣。直到一九九二年春季，他離開了已經營成功的企業。他一面尋找新方向，一面選讀微積分和莎士比亞課程，然後在那年夏季前往比利時參加考古挖掘。挖掘結束的那個星期天，羅伯特到瑞士參加一場婚禮，與一名醫學院學生攀談，點燃了他過去的熱情。他知道自己該做什麼了：他想當醫生。這位曾與父親共同建立上億市值服飾公司的四十八歲男士，展開了邁向醫學院之路。他在五十八歲成為住院實習醫師，每週工作八十至一百小時。現在，有些病患會向他吐露他們不便告知年輕住院醫師的症狀。

衝口說出「現在做太遲了」，只會使你無法盡情享受你的所有熱情！

生理時鐘與退休紀念金錶

你在任何年齡都可能會覺得自己「太老了」。有幾個族群特別可能說出這種話。

三十多歲到四十多歲的女性，容易因為感到青春逝去而格外恐慌。生理狀況逐漸走下坡的她們，才正要邁入一生中最精彩、生產力最高的歲月。儘管她們嚷著想再享受幾十年的探索，卻也有許多人違背自己的話，告訴我：「等我最小的孩子從高中畢業，我的高峰期差不多就過了。」或者說：「是呀，現在我終於有機會做自己了。我最好別搞砸。」

為什麼女性比較早覺得時光催人？這是因為女性一向被教導成把養兒育女當作她們最主要、可能也是唯一的任務。把小孩生下來，拉拔小孩到他們能獨立，通常是女性在世上留下印記的唯一方式。結束了養兒育女的歲月，猶如結束了女性生命中具有生產力、有用的部分。她的工作結束了！這樣的觀念現在已有改變，大部分的人不再做如是想。但那種「時間到」的感覺，好比苦惡的餘味徘徊不去。有些女性在理智上了解自己還有數十年人生，可是在潛意識裡認為必須把握時機。如果不能快點想出這輩子要做什麼，就會毀了最後一次把事情做對的機會。

假如說四十歲生日對女性的打擊最大，那麼對男性而言，打擊較大的年紀是五十歲。西方文化認為，男性到了五十歲應該處於成就高峰，隻手正緊抓階梯最上層的一階。若說女性恐懼聽見生理時鐘逐漸微弱的滴答聲，那麼許多男性在這段年齡傾聽的是另一種聲音——傳說中退休慶祝會上將會致贈的手錶，此刻正上緊發條。他們或許會大談退休後還有好一段時間可全速啟航，但內心深處認為，職業生涯的最後十年或十五年才是他們真正能做大事的時機。

如果一名五十幾歲的男性決定追求他最後的、也最熾熱的興趣，他勇敢求變的行為通常會被貶抑為「中年危機」，他會成為笑柄，別人笑他妄想贏得三妻四妾與敞篷跑車。若他為了改變而放棄地位或薪水，會讓人跌破眼鏡，很難得到足夠的支持或諒解。大部分男性在思考如何發展自己的多重熱情時，都預見了這類不友善的反應，這更令他們感受到時間的壓力。

這兩個族群若能認清楚自己的焦慮來自何處，透過理智加以檢驗之後，對時光流逝的恐懼便會逐漸消除。

疑慮二：可是，我真的很想成為某方面的專家

你沒聽過那句「樣樣通，樣樣鬆」的譏諷嗎？我們通常認定，一個人假如熱中於單一主題，表示他專心致志。你或許還記得迪士尼經典電影《飛天老爺車》（*The Absent-Minded Professor*）裡，一名狂熱的科學家全神貫注於他發明的飛行橡皮，以至於兩度忘記參加自己的婚禮。一個作家待在小閣樓裡，投注全部心神，忘卻寒冷，不願為了啃硬麵包而打斷泉湧文思。這類形象隱含著一個概念：必須排斥其餘一切，才能做到專精；為了追求某項熱愛，必須放棄其他所愛。

然而，事實絕非如此。擁有多面向發展特質的人，不僅興趣廣泛，通常也能夠同時對幾種興趣投入相當程度的熱忱。以我的客戶艾薩克為例，他發現，輪流從事幾項不同的興趣，可使他對每一項興趣都維持高度的熱情。他說：「我喜愛雕塑，也喜歡經由銷售作品來結識那些對我的作品有興趣的鑑賞家。但雕塑與銷售是兩種截然不同的興趣。所以我會花幾個禮拜的時間完全投入雕塑，在我的工作室生活、飲食，甚至偶爾睡在那裡。然後我再花幾個禮拜時間完全外出打拚。當然，做生意總有瑣碎的事情要照顧，處理帳單什麼的。若你看到我處理這些，你會覺得我是天生祕書的料。我把那段時間當作先前兩項活動之間的休息，這兩項活動都相當耗神費力。」由於這三種活動的多樣，使得艾薩克能保有精神與活力以發展專業技能。

想發展某一技能或某項知識，的確需要長時間練習或培養。但就算你不想長期投

入在單一活動，這又有什麼錯？你大可按照自己設定的時間進程來發展專業技能。一個迷上空手道的多面向發展人才，為了晉級黑帶，可以每星期花好幾個鐘頭練習；他還可以同時發展精神治療的專業能力，同時研習法語。他可能比那些完全專注於空手道的人花更長時間才能贏得黑帶，但一旦他達成了目標，他的專業程度並不遜於別人。

假如你是那種同時從事多種興趣的人，你也可以和別人一樣快就取得專業程度。還記得前一章約略提到的「工作傘」概念嗎：在同一目標之下，從事幾種能讓你長期樂在其中的活動。一個熱愛拍攝紀錄片的多面向發展人才，可以一方面累積聲譽，成為紀錄片專家，同時還能拍攝其他各種他喜歡的影片（譬如時尚活動、羅馬史、次原子物理學）。我經營民宿將近十年而樂此不疲，在「旅館主人」這個頭銜之下，我可以當一個說故事的人、室內設計師、公關人員、造景園丁、廚師、財務人員、歷史學家、導遊和工作坊負責人！此外，由於一家大型電視網安排讓我前往全美各地，向觀眾傳遞我的知識，這便使我成為一個專家。（關於工作傘的概念，第六章會詳細闡述。）

此外也別忘記，不是每個追求單一興趣的人就都叫做專家。有太多的祕書、水管工、旅行社人員和大提琴手，終其一生只做一件事，卻沒能在所屬領域被認可為專家。只有那些更努力一點、更能冒險嘗試新想法的人，才能成為專家。如果我沒有想到要成立第一個全國性的民宿老闆培訓計畫，我就只是數百名民宿老闆當中的一個。事實上，由於我還有其他的「業外能力」，使得我能以「民宿經營者」的身分從事公開演說，而其他民宿老闆則比較傾向於專心當個老闆就好，避免心有旁騖。一個樂於跨出常軌去從事寫作、教學、展示或推銷生意的多面向發展人才，通常會獲得令人驚喜的結果。我們比那些把注意力集中在狹隘範圍的同業，更快躋身受人敬重的專家之列。

譚熙烈（Marilyn Tam）曾在銳跑服飾及零售集團（Reebok Apparel and Retail Products Group）擔任總裁，也曾在耐吉企業（Nike）當過副總裁。她從進入服飾業工作的第一天起，就懂得尊重自己的多樣興趣，也因此培養出一項特殊專長：「我從第一份工作開始，就不會像那些以晉升管理階層為導向的人一樣，只關心特定的範圍。我會請教企業營運中與會計收納、通路與廣告有關的環節。我問得越多，也就學得越多。正因為這樣，我改善了轄下產品，因為我了解其他部門的需要。如果我想轉調新職務，而我的相關領域尚未出現新職缺，我不會因此停下來。好奇心促使我學習，我會以此為基礎，繼續往其他領域前進。同樣的，當我覺得某家公司無法讓我有快速進展時，我就乾脆跳槽。」這麼一來，她的專業不僅限於生產流程的某一環節，例如通路或襪子等單一產品，而是包括了整個企業管理。

對於一個具有多面向發展能力的人來說，想培養專業，最可靠的方式是尊重自己的熱情，而不是加以壓抑扼殺。熱情只能尊重，其他方式都會造成反效果。失去了動力的人，遲早會不再關心自己的工作，淪為怨懟。這種情況下，贏得「專家頭銜」的可能性很低，只會把自己消耗殆盡。

疑慮三：不專注在一件事上，便無法謀生

你是否覺得圍牆另一邊的草地比較綠，那邊有升遷的機會與所謂的穩定薪水？我說：那片草地在我看來真是乾燥枯黃。為什麼這樣說？我來告訴你原因吧。

你可能從小就聽人說：「如果想賺錢，就去當生意人，或者當律師、藥劑師、廚師、醫師，什麼都好。總之你做你該做的，好好堅持下去就是了！」我們受到教導，選定某一專業，從底層一步一步往上攀爬，直到頂端，就可以荷包鼓鼓，光宗耀祖。歷史上確實有一小段時間，基本上是二十世紀後半期，一個人可以剛從學校畢業便受聘於大型企業，在企業裡穩定往上攀爬，薪水與津貼逐年增加，直到最後拿到一份不錯的退休金，完全無需擔心財務問題。幾乎凡是忠誠工作的人，都保證能擁有某種程度的金錢，不必擔心落得當街頭遊民度過殘年。

但那樣的經濟亮點已經在時光雷達的螢幕上消失。經濟現況已經改變——我說的不只是股票市場在某一年的起伏，就業市場在某一年的消長。經濟活動必然有其週期，顯示出階段性的衰退和成長。我們（或者我們的雙親）對於職場的看法之中，把

這些週期的起伏納入考慮。一般人認為，就算是在不景氣年頭丟了飯碗，你還是能在景氣恢復之後找到工作。但，前次的幾波經濟起伏之後，並未使經濟活動恢復原貌，卻塑造出一幅迥然不同的經濟地貌。

新的現實情況是：許多工作消失了，徹底消失了。有些企業為了降低工資與避稅，把公司遷至國外。最近幾年，美國境內有幾百萬份製造業的職務被移往海外。部分服務業與資訊科技領域的工作也一去不回頭。我有些客戶明知，繼續努力下去，自己在國內的職務最後會被淘汰，還是得忍辱負重，訓練那些位在海外、將會接替他們的人。這些工作的消失並非受害於階段性的經濟景氣循環，而且它們永遠不會再回來。

那麼，那些應該算穩定的白領階級工作呢？科技效率的進步與新型態的管理風格，從每位員工身上壓榨出更多生產力，使得這類白領工作很快被吞噬。我們心裡有數，公司不會再與員工保持「始終如一」的關係。我們都聽過或親身經歷過這樣的恐怖故事，員工奉獻公司三十年，只落得退休前幾年被解雇，棄若敝屣。我的客戶法蘭克從事某事業，過去十五年來因為企業縮編或合併，在醫療器材產業被解聘過三次。如今法蘭克年近六十，再度失業，指望能找到一份可讓他挨到退休年齡的職位。由於積蓄縮水，他只好把退休年齡從六十五歲推遲到六十八歲，後來又推遲至七十歲。資深經理人事業管理師威廉·莫林（William J. Morin）在《財星》雜誌赤裸裸道出白領工作的新現實面：「你期望什麼？你明知美國企業與雇員之間的舊社會契約已經終止了，不是嗎？你當然不會再相信無條件的忠誠、或甚至只要表現良好就能保障雇用——改變，已經成為眾所接受的生活現實，而企業改造也不再僅僅是應急措施。」（一九九六年九月十二日）

還能奢談退休金與福利嗎？有些公司調整了退休或健保計畫，使得員工的好處大為縮水。員工只有兩個選擇：接受新條件，或者找新工作。有些企業悄悄減少了、甚至終止了原先承諾要給退休員工的健保福利。

這些新聞令人憂鬱。但是，把問題改一改，你將會有解脫之感：我真的想一輩子投入一種興趣，只為了追求其實根本是妄想的財務保障？假如你能接受這樣的觀念：「經濟保障與單一事業生涯之間並沒有關聯」，你就可以省下一點煩惱，不再想著要把自己鎖在某個事業領域裡面。別家的草地不見得比較綠，你還是學著享受身邊的事物吧！

熱情就是力量

當你決定與你的多重熱情攜手合作，而不是與它們對抗，你事實上可以為生活帶來獨特的經濟利益。因為你有了「熱情」這項優勢，這股精神力量會把別人吸引過來。怎麼說？容我詳加解釋。

請問：當多位資格優異的人激烈競逐極少數的幾個職位，是誰比較容易得到工作？是一個多面向發展的人，還是那些穩定從事單一事業的人？

答案：兩者皆非。

當經濟風向將你吹離某個職務，或者你因為興趣改變而尋求新職務，長年停留在同一事業領域的經歷不見得能夠在你爭取受聘時發揮重要性。重點是，你的表現有沒有因為你的熱情而增色。

比方說，幾年前，我住的鎮上有三家醫院合併，所有員工被統一收編。幾十名護士收到了終止雇用通知，不再領到薪資。幾個月下來，她們當中許多人（後來發現全部都是女性）找我做事業諮詢。有幾位護士具備多重熱情，但為了投入這份放眼望去似乎穩當的工作而扼殺了其他興趣，雙親師長教她們：「護士總是會有工作的。」但如今這群女性找新工作不順利，失業很長一段時期。

我曾經與那些熱愛護理工作而走入護士這一行的人共事。其中有些人是專業莫札特，打從小時候為玩偶泰迪熊包紮繃帶開始就夢想成為護士。還有些人一直朝著多面向發展，是到了晚近才由於追求最新熱情而加入護士行列。她們享受這份專業所包含的艱澀學問與相關常識，給予他人體貼照顧。她們也因工作忙碌而開心。而且你知道嗎，這些因為自己的工作而朝氣蓬勃的護士，無論是長年從事護理工作或者才踏入這行短短幾年，都在相對較短的時間內找到新工作。主要原因有二。

首先，她們對護士工作的熱愛，很自然就使得她們成為專業人士。當那些工作比較不起勁的同儕以最方便的方式來達成在職教育的要求，這些護士卻搶先登記參加艱深的非傳統小兒科護理方法會議、阿茲海默住院病患的新照護策略座談會。她們參加研習會時，不會提前離席，與其他無聊疲憊的同事溜到海灘去散步，而是圍著主講人或座談會參加者熱切提問。

其次，當這些護士由於熱忱而主動與其他健康專家討論的同時，她們藉此拓展了人脈。她們日日展現出對工作的奉獻與熱忱，在上司與同事間建立名聲。因此，三家醫院合併後，這幾位女性都有人脈可聯繫。對方可能會說：「我聽說聖法蘭西斯醫院產房有一名護士快退休了。妳參加過那堂非傳統小兒科護理課程，對吧？我幫妳打個電話問一問。」比起那些忽視自身熱情而勉強擠進護士一行、並非真心喜愛工作的人，她們立足得更穩當。對工作缺乏熱情，這會彰顯於外。當一個缺乏熱情的護士不得不為了找新工作而設法遞出履歷，她們的支援網絡顯得相當薄弱。可想而知，她們得依賴死氣沉沉的徵人廣告和冷漠的電話回應來覓得工作。

工作最有保障的人，不是那些選定一門行業後便從一而終的人，而是那些追隨自身熱情的人。我們之中，有鴨子也有天鵝。我客戶之中最悲哀的那種人，是「用靈魂來餵飽肚皮」的人。他們選擇傳統領域譬如電腦科學、商業管理、護理或教職，並不是因為這些領域符合他們的愛好，而是因為他們把工作視為長期飯票。當他們發現自已無預警地被經濟力量拋出職場，此後就再也無法與那些由於表現出熱忱、而使推薦函在黑壓壓的履歷中閃閃發光的人競爭。

這個故事的教訓是什麼？削足適履並不是好方法，就算是為了工作保障這種冠冕堂皇的理由，也不該勉強自己。唯有順著自己的愛好而行，才能讓你獲得有力的推薦人與志趣相投的人脈，並在改變時刻來臨時推你一把；不管那改變來自外在環境抑或是內心世界。對於一個多面向發展人才來說，「保障」意味著讓生命能夠順應自己多面向發展的特質，而不是違逆它。

變遷時刻，欣然接受改變

接納多面向發展的特質還有另一項經濟利益：你多元的愛好是一項很有市場價值的資產。新經濟要求人人步伐靈敏，迅速適應改變。對某些人來說，這代表能接受工作外包和自雇創業。當今企業世界的改變從來沒停過。過去二十年來獨自窩在辦公室裡設計推進器的工程師，現在必須加入團隊，與業務及行銷部同仁並肩合作。長年來習於直接面對病患的治療師，如今得找出新方法，把醫療工作外包給健康維護管理組織，好在健保規定的療程次數之內解決病患的主要問題。

新經濟裡的工作要求，使得守舊的人心生恐懼。他們站在學習曲線的底部，一想到眼前的攀爬就怨聲載道。那麼，那些多才多藝的文藝復興人呢？學習曲線陡然上升的那一段使得他們活力充沛，帶著比同儕更積極的心理邁向新環境。

蘇珊．霍金斯（Susan Hawkins）二十年來在幾個美國大型企業裡擔任人力資源專員，現職為事業諮詢師。她提出一個比喻：「就某方面來說，有些員工走的路是傳統單一的職涯發展法，多年在同一家公司擔任同一職務。他們就像那些每天駕駛同樣路線上班的人，明確知道自己的目的地、該把車停在何處，就和自動駕駛差不多。另一方面呢，也有員工待過各種公司，擔任過各種職務，可能還曾經休長

多面向發展的經濟優勢

1. 熱情能為你的表現增色，使你超越其他埋頭苦幹的人。
2. 今日的企業世界和這個新的「個體戶國家」，重視的是欣然接受改變的能力。
3. 多才多藝的人，比較可能成為成功的創業家。
4. 愛好多種事物，能使你成為更傑出的專案經理和解決疑難雜症的高手。
5. 在全球化的經濟體系裡，樂於學習新語言和探索多種文化的人容易受到重用。

假旅行，或者經營自己的事業。在今日這個高度競爭、不斷變遷的職場環境，越來越多公司想要這樣的人才。為什麼？因為這樣的人很靈活，善於跟著各種單位部門、公司、甚至市場裡的變動而前進，同時能注意到哪些事必須換方式進行，或者以更具創意的方式來完成。」

一個圓融的多面向發展人才，會懂得在自己的履歷表上面強調自己這項特質。他們不為自己的多才多藝致歉，而是說出自信的話：「我可以輕鬆轉換職務角色。」根據美國勞工部統計資料預測，目前的大學畢業生，一生會跳槽平均八至十次，其中許多人將會轉換事業跑道至少一次或兩次。對許多雇主來說，一張朝多面向發展的履歷表，展現出的是彈性，而非不成熟。在大型資訊科技公司擔任人力資源部門副總裁的勞芮．賈狄克（Laurie Jadick）說：「假如要我選擇，一個『組織內部專才』，和一個擁有多元經歷、甚至曾花時間學習語言或繪畫的專業人士，我會先挑選那個反傳統的人。想成為產業領導人物，企業必須吸引並雇用那些主動尋求改變、欣然接受改變，而且能夠從中成長的人。」

卡蘿．布朗（Carole Brown）在「智庫管理顧問公司」（Thinking Team）擔任總經理，該公司的客戶包括花旗銀行、殼牌石油和德意志銀行。她表示：「說白了，現今商業界比的是應變能力。企業組織必須了解這一點才能成功。了解了這一點，就會體認到企業需要的是能夠迅速而輕鬆適應改變的員工。什麼樣的員工符合上述特質？是那些擁有廣泛技巧和工作經歷的人，不限於在單一種企業文化下工作的人。」

組織及領導力發展顧問班尼‧桑德斯（Bernie Saunders），與人合著《學習型組織建立十步驟》（*Ten Steps to a Learning Organization*）一書。他注意到企業越來越願意教導應徵者使用科技與其他工作技巧，只要他們能表現出彈性，並用開放態度面對改變。他相信企業要找的是對挑戰有「正確態度」的人。我請他具體描述這樣的態度，他給出了應該能夠讓你會心一笑的答案：「靈活敏捷、適應力良好、天生好奇、對五花八門的事物有貪得無厭的胃口！」

假如你的目標鎖定企業最高層，你可能會聽到別人對你的背景提出各種質疑。史帝夫‧約翰（Steve John）說：「我在一家全球性製藥公司擔任過高階主管，在華爾街一家金融服務公司擔任過資深副總、也在一家大型顧問公司當過經理。但我不相信自己能爬到組織最頂尖位階——越接近金字塔頂端，就得越忠於『單一志業』，然而大家覺得我並不照章行事。」

但本章先前提到的譚熙烈，卻有不同的信念。「身為亞洲女性，我並非典型的高階經理人。」她說：「但是我爬到了『高階』，因為大家一次又一次看到我在不同領域都有廣泛而深入的經歷。在今天這個牽一髮動全身的複雜世界，首席執行長不能只具備狹隘的知識：他們必須認識企業營運的各個面向，必須了解他們所從事的產業，還要了解今日國際化和快速變遷職場的諸多面向。所以，誰會獲得升遷呢？是那個具備最多種興趣的人。誰是那個人？一個像我們這樣多面向發展的人！」

然而，不是每家公司或每項產業都準備好要接納這種多面向發展的人才。班尼・桑德斯指出：「即使到了現在，美國國家航空暨太空總署（NASA）這類地方要找的人，也許仍然是終生以天體物理學為志業的專家。」蘇珊・霍金斯說，守舊的保險公司比較不容易接受改變；商業世界的某些部門，例如會計部，也比較不接受改變。霍金斯建議擁有多種熱情的人，務必訓練自己的眼光，找出能把改變視為好處的產業，也就是她所謂的「靈活」產業。譬如零售業、資訊科技、醫療用品公司、電子服務和顧問業。就算在變化比較沒那麼大的產業或部門，例如行銷與產品開發，也需要「拿得出多種彈性技能」的人。

本書不會教你如何利用你多樣的熱情挖到金礦或一夕成名。你還是必須努力工作才能謀生。但絕對不要認為，專心在一件事上才能獲得財富，多面發展一定會餓死。別忘了，莫札特最後被葬在貧民公墓，但富蘭克林死的時候名利雙收。

疑慮四：其實，我並不想朝多面向發展

你說：「我做了測驗，知道自己是多面向發展的人。我知道，這種人就像醜小鴨。他們有自己的美，可以賺到錢，可以成為專家——可是，我其實不想當天鵝，怎麼辦？假如我就想要當鴨子，安定下來一輩子只做一件事，怎麼辦？」

想做什麼，就能做什麼

瑞克・卻爾文（Ric Cherwin）和許多音樂家一樣，一度只能勉強溫飽。機運帶領他走進藝術品拍賣的世界，他想著：我可以做到！拍賣工作滿足了他的財務需求與個人需求，不久他便能從每筆拍賣中賺得五位數的金額。

然後他到一所剛成立的先進法學院入學研讀，三年裡靠著為一家大飯店製作晚間餐廳表演節目維生。從法學院畢業後，瑞克找到一家小型律師事務所的工作。雖然他不喜歡文書工作和枯燥的法庭陳述，但他樂於協助婦女向耍無賴的前夫討到子女扶養費。不久，這間小事務所便邀請他入股成為合夥人，但，全職工作？做一輩子？門兒都沒有。

瑞克以兼差方式繼續從事法律工作，其餘時間則用來發展其他事業：瑞克卻爾文代理公司。這家公司是從先前那家製作工作延伸出來，專門代訂世界棒球錦標賽、美國公開賽和紐約影展等娛樂活動的票務。

瑞克追隨自己的熱情，現在他在曼哈頓擁有一間公寓，在鄉間另有一棟房子，但他最感謝自己享有自由：「現在我想做什麼，就能做什麼。」他可以選擇只接受那些最引起他興趣的客戶的委託，只接受那些最有趣的藝術品拍賣的邀請。一旦心血來潮，他還可以唱歌表演。假如你聽說他取得了社會工作碩士學位，另外又擁有一家小規模但業績蒸蒸日上的心理諮商診所，你會驚訝嗎？

如果你到現在還問這樣的問題，我敢說，你這輩子都在想著討好雙親或配偶，或你大腦內在的聲音：「再不決定一項事業，你就太幼稚了！」而且你一直希望能在這本書裡找到那條可以走一輩子的道路。你相信有那麼一條路，如果我把它指出來，你就會收拾行李，埋頭走上它。你會這樣想，我完全可以理解。今日的文化有一套清楚的對於什麼叫成功、什麼叫長大的說法。可是，你無法改變自己的本質。

假如你對於自己多面向發展的特質有了新的理解，而你產生失落感，你必須尊重你這樣的感傷。不管你這樣的感傷是否「理性」，重要的是你要釐清自己的感受。光是忽視你的感受，無法抹去它們的存在。而如果它們確實存在，你卻疏於面對，這些感受便會妨礙你接納自己。大部分的人都發展出一套處理難受感覺的方式：寫日記、與朋友談心，或者獨處。希望你也能花點時間處理這些感受。

「一隻鴨子不能勉強自己長出脖子來討好這世上的天鵝，」我經常提醒客戶：「天鵝也沒辦法用意志力讓脖子縮短，好讓自己與鴨子父母相配，迎合鴨子配偶或合夥人的需求。」為了真正對自己的生活滿意，我們必須真實面對自己，而不是做一個你「希望」自己做的人。接受了自己的天鵝本質，就可以敞開心胸接納自己在生命中真正能夠掌握的事物。

普立茲獎作家史達・特寇（Studs Terkel）訪問過數千名來自各種族、宗教和行業的美國人，他提出一項對人人都有意義、但對多面向發展人才特別一針見血的觀察：

「大部分的人擁有的工作都太狹窄，窄得無法容納心靈。」既然你擁有各種興趣，就絕對不許掉入那個陷阱。我們必須讓自己的生命多面向發展，讓它大到足以容納我們全部的靈魂。

接下來要帶領大家認識幾個原則，好讓你開拓出寬廣的生命，讓你擁有足夠的空間容納你的基本價值與多重熱情，讓你活躍於多種興趣而不至於分身乏術。

PART TWO

管理熱情

3 你最在乎的事物

我是一個多面向發展的人，有太多事能讓我興奮了。我只希望世界上有某種試紙，能讓我用來分辨哪一項熱忱真正值得追求。

——菲力克斯，六十二歲

淘金礦工不會把觸目所及的每塊石頭都塞進背包。他們必須分辨哪些是愚人金，哪些才是有價值的礦石。

本章要教你如何在自己的富饒岩層中挖礦，深入探尋最純真的信念，找出其中哪些信念能夠形成基石，讓你在這塊基石之上創造出充滿創意、才智與靈性的生活。由於你的注意力被眾多事物吸引，因此值得你費一番工夫開發淘金技巧，從原始材料中辨識出真正珍貴的元素。而且別忘了，一個多面向發展的人是持續在變化進展的。所以，當你從這一項純屬個人的挖掘工作中抬起頭來，你會認清楚你「當下」最在乎的價值是什麼。你現在希望能依據什麼價值觀而活？不必思考你以前重視什麼、別人重視你的哪些部分，也不必想你希望未來能擁有哪些，而要思考你今天在乎的是什麼。

這些價值，將成為你決定事業與生命的基礎。

這個挖掘與思考的過程非常重要，因為許多文藝復興人不相信自己的決定。我有個客戶理查，他在大學裡擔任中級雇員，他覺得生活「忙、盲、茫」，於是來找我。首次見面諮詢過後，他決定把精力放在四種興趣上：照顧小孩、吹長笛、修理物品和蒐集農具。他很雀躍。一星期後他再來找我，對自己不那麼有信心了：「我怎麼能確定自己真的想投入這些興趣？我不也能輕易選出其他四種興趣嗎？我不覺得那是天啟。」當我說我同意他的意見，他很意外。

理查和許多多面向發展的人才一樣，一廂情願以為天下有一種試紙，在電光石火的剎那，可以讓他確認他這一次絕對、鐵定、毫無疑問走對路了。比爾．柯林頓是不是在八歲的時候突然知道自己想當總統？或許他真是如此吧。但你絕不會對其他的選項都毫無興趣，非常確定自己的選擇是正確的，不曾掠過一絲懷疑。

有些多面向發展人才曾經指導脫口秀的表演，也出版過勵志書籍，但我聽到他們說自己「沒有能力做出正確決定」。這些人不明白，他們所放棄的選擇也許是不錯的選擇，但可能因為時移事往而不再適合他們。如果你對自己的決定缺乏信心，可能是因為你多年來每放棄一項愛好、轉而追求其他愛好的時候，你都會自責。你可能落入了一種陷阱，以為你所做的與別人不同的選擇，都是錯誤的選擇。但事實絕非如此。

驅除不確定感有個最好的方式，就是釐清自己的價值觀。芭芭拉無法決定如何從眾多興趣中擇定一項來著手，她做了一番告白：「說起來難為情，但對我來說，成名真的很重要。」芭芭拉在大家庭長大，她排行中間，上有三個兄姊，下有三個弟妹。她的父母經常得喊過三、四個其他名字之後才喊對她的名字，而大部分外人根本不記得她的名字。我和芭芭拉詳談後漸漸看出來，與其說她要揚名立萬，不如說她想得到別人的肯定：「我希望我走進一個房間，大家都知道我的名字！」後來她到一所小學當志工，最後成為小鎮上的兒童圖書館館員，一路走來相當開心。「現在無論我走在哪條街，孩子們都會跑過來喊：『歐海爾女士！歐海爾女士！』我好喜歡這樣，他們都知道我是誰。」

找出你的核心價值觀

接下來要你做的是「準備動作」。接下來的三項練習（最在乎的五項價值觀、事物的重要順序、為自己辦慶生會），幫助了不少像你這樣的人。你在這三項練習裡將會發現自己所重視的價值觀是什麼，由它們引導你決定如何賺錢、管理時間、從各種感興趣的活動中選出你「目前」最喜歡的項目。所謂的「價值觀」，並不是那些從宗教或哲學而來的、進行自我反省的時候所想的抽象概念。我向你保證：如果你的行為無法與你的想法維持一致，你等於是在傷害自己。

瑪莎來找我的時候，她先生尼克恰好在一家法律事務所找到第一份像樣的工作。

他展開新工作沒多久，就在昂貴的地段買了房子，瑪莎立即投入裝潢新屋。除了照顧幼子之外的時間，她都與室內設計師商討各種事宜，測量窗簾長度，撣掉茶几上精品擺飾物的灰塵。她打電話給我預約會面時，說她莫名感到疲憊。她被沒完沒了的設計規劃累壞了，經常遺漏重要的細節，而且每完成一項規劃，她並不覺得特別高興。我們把裝潢這項活動和瑪莎的價值觀對照後才發現問題出在哪裡。她承認自己是為了跟上鄰居的標準而裝潢。她其實寧願把珍貴的閒暇時刻用在自己對於音樂及環境科學的愛好上，「而不是用來關心門廳的磁磚！」她說。

未能完全忠於自我價值觀的人，一輩子匆匆忙忙，一方面被他們所承擔的義務拉扯，一方面又被自己的靈魂扯向另一邊。他們和瑪莎一樣，隱約感到不滿足，卻不明白原因。他們注意到，似乎沒有事情順著他們的意思進行，不像別人總能心想事成。如果這些被困住的人能低頭關注自己真正在意的事物，將可以找到充沛的活力，發現自己確實能夠靠著內在的驅策力向前邁進。

這三項練習，不見得與你的價值觀有直接關係，也不見得會直接影響你日後採取哪些行動，但它們是探勘工具，幫助你看出你該如何抉擇，才能符合你內心最深刻、最真誠的動力。你可能會發現，這些工具指出了你生命中一塊對你來說很重要卻一直被忽略的地方。你也許會了解到，你想開公司做生意的計畫其實根本不是你想做的事，而是父母、配偶或某個別人的想法。

最在乎的五項價值觀

我有些客戶一開始會抗拒做這個測驗，因為他們自認已經很了解自己的道德與原則。也有些客戶認為思考價值觀這件事不夠「有趣」。然而往往也正是同樣這些人，做完這項練習之後，對於自己新生的使命感特別感到激動莫名。

你可以在下頁表裡看到五十個抽象觀念，每一個都可說是重要價值。事實上，我猜你可能會說，在你個人的價值觀裡面，這五十個之中的大部分、甚至全部都不可或缺！正因為如此，所以這項練習相當具有挑戰性，也相當具有釐清效果。請你先瀏覽一遍這五十個價值觀，再從中選出目前對你最重要的五項。

這五項價值觀不必按照重要順序排列，但你可能得費盡心思才有辦法做出選擇。由於大部分的人不常被要求檢視自己的價值觀，因此你可能會需要一個晚上、或甚至幾天時間衡量。需要多少時間就儘管用吧。

別擔心你對表中每一項名詞的理解是否「正確」，你只要從對你而言最說得通的解釋出發就可以。你可能會發現某兩、三個名詞的意義很接近，這是刻意的設計，目的在於迫使你想清楚其中哪一個對你來說比較重要。表的最下方有一點空間，讓你填上你覺得很重要、但表上未列出的價值觀。

請現在就做這項練習。

選出你（目前）最在乎的五項價值觀

成就	心理健康	隱私
情感	生理健康	外界的肯定
外貌	家庭	感情關係
別人的贊同	誠實	宗教
藝術	正直	名望
權威	學習	尊敬
美	休閒	冒險
職涯發展／就職	愛	安全感
社群	忠誠	被社會接受
創造力	意義	交際往還
環境	金錢	孤獨
專長	開放	性靈成長
名氣	愛國情操	地位
家人	享樂	勝利
個人自由	人氣	智慧
政治自由	權力	慷慨
個人成長		

你在做這項練習時，浮出了什麼有趣的想法嗎？譬如，你選了「家人」嗎？如果你選了，務必確定你日後在做與事業或興趣有關的決定時，要把家人列入考慮。如果你和理查一樣，把「做一個好爸爸」當成興趣之一，你在追尋你想做的事物時，就要把「家人」這一項考慮進去。也可能，你需要重新確認你的計畫不至於太繁重，免得對你珍視的家人產生負面影響。

你是否選了職涯發展／就職這一項？有沒有同時也選了安全感、地位、金錢和權力？如果是，那麼你可以看見，一份有薪工作對於你的自我認同感來說是多麼重要。譬如我的客戶盧伊，他是律師，因為他不想被僵硬的組織階級制度束縛，於是成立了自己的律師事務所，也希望藉此強化自己的法律專長項目。但五十歲的他把「安全感」列為前五名重要事物。他這時發現，他其實可以接下市府交通局的法務工作，朝九晚五上班，以賺取他迫切需要的退休福利。之後他很高興，比起過去經營事務所時的狀況，他現在大幅減少了夜間和週末加班的工作量，也有更多時間下廚，做他喜歡的義大利料理，並且有時間兼職擔任夜間民事法庭的法官。

還有愛咪，她長久以來都夢想能贏得美國東北地區的射箭錦標賽冠軍。她知道，有些射箭高手每天都練習好幾個小時，而且是經過日復一日、年復一年的練習，才贏得第一個冠軍頭銜。然而愛咪一直沒有認真展開訓練，她開始懷疑自己是不是沒有能力承受密集的體能訓練，她是不是一個懶蟲？

她直到做了這個價值觀測驗之後才了解問題所在：嚴格的訓練計畫，是與她對「家人」的重視有衝突的。假如要接受訓練，她必須大幅減少她與丈夫相處的時間，無法經常在週末出門旅行，拜訪親戚。考慮到這個問題後，愛咪選擇與所愛的人相處，而不是非成為射箭明星不可。她決定接受不那麼密集的訓練，只要能讓她取得參加射箭錦標賽的資格即可。冠軍就讓別人去當吧。

一個多面向發展的人很容易說出以下這種話：「我要做這個，因為它很有趣。我要做那個，因為那個能帶來滿足感。」花時間評估哪些事物對自己是最重要的，它可以讓你在定義「我要做這個」的時候，說得更明確，也讓你覺得更有自信。

事物的重要順序

這個「事物的重要順序」練習，讓你用更具體的方式來思考你的價值觀。以下列出十大生活領域，請按照你認為的重要性加以排列，請參照第84頁的圖表做這個練習：

- 追求個人成長與療癒
- 贏得同業的敬重
- 追尋精神性靈的平衡

- 提升自身競爭力
- 維持身體健康
- 對社會做出貢獻
- 把事業推向新階段
- 保持對人的開放溝通
- 追求金錢上的安全感
- 維繫人際關係

（假如你是在學學生，你可以調整其中兩項，「把事業推向新階段」可改成「以優異成績畢業」；「贏得同業敬重」則可改成「贏得老師同學敬重」。）

在這個練習中，你可能會發現，最大的圈和最小的圈很容易填，但「中間」那一群圈圈不好應付。有些客戶說，在考慮中間那幾個比較難以安排順序的圓圈時，他們想到了以前從未想過的事。有個來上我課的學員，猶豫著該把「維繫人際關係」放入多大的圓圈裡，這時她突然發現到「關係」對她竟然如此重要。她與新的情人和繼子相處愉快，與她親生母親和繼父的關係也相當良好。然而她發現：「嘿，我是別人的繼女，也是一個繼母。有時候我對這兩種處境感到挫折，但沒有『薇薇夫人信箱』之類的專欄為像我這樣的人解惑。我敢說這就是我的機會了！寫這種專欄應該會很有趣

事物的重要順序

右下方有十個選項，請照你認為的重要性加以排列，然後分別把這十項填入與它的重要性相符的圓圈裡。你認為越重要的項目，就把它填進較大的圈圈裡。你可以十項都填入，也可以只填其中幾項對你來說最重要的項目。

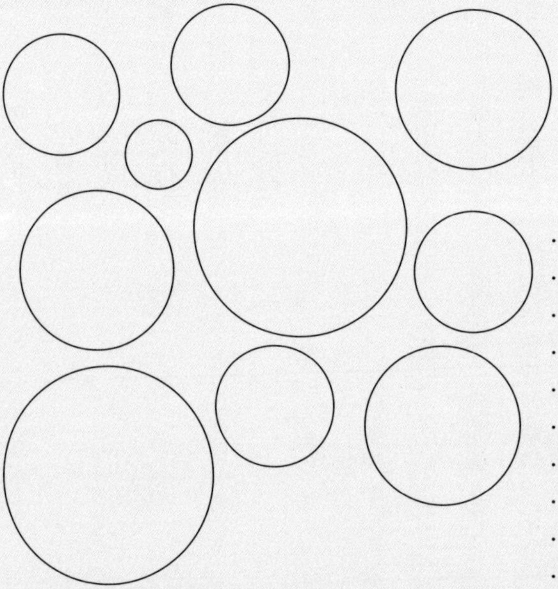

- 追求個人成長與療癒
- 贏得同業的敬重
- 追尋精神性靈的平衡
- 提升自身競爭力
- 維持身體健康
- 對社會做出貢獻
- 把事業推向新階段
- 保持對人的開放溝通
- 追求金錢上的安全感
- 維繫人際關係

請看一看這十個圓圈。最大的圓圈裡，是對於現在的你來說最重要的目標。其次重要的目標則放在次大的圓圈裡。依此類推。最小的圓圈裡是目前對你最不重要的事物。如果你想把我列出的目標換掉，改成你自己選擇的項目，請儘管這麼做。

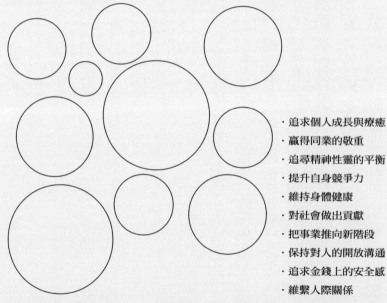

……」然後她向報社毛遂自薦，說她想寫一個問答形式的專欄，解答有關「混合家庭」（blended family）的問題，報社很快就接納了她這個想法。

有時候，結合了幾種練習，也會產生驚喜。譬如珍妮，她三十歲出頭時為一家投資銀行工作。「我以前都不知道，創造力是我非常重視的一項價值。」她說：「並不是我認為它不重要，而是我從來沒有多想。然而我在做『最在乎的五項價值』練習時，我就是沒辦法把『創造力』踢出前五項之外。它進入我的前五大！彷彿它自己有意志，非要待在榜上不可。其他四項是成就、專長、權力和安全感。你看得出來，創造力在這五項裡顯得多麼格格不入。至少，如果你聽到創造力就想到繪畫或小說之類的東西，會覺得不像我。」

珍妮接著做圓圈練習。「你知道發生了什麼事嗎？『提升自身競爭力』竟然打敗了『金錢上的安全感』，佔了最大的圈裡。後來我在想這兩項練習告訴了我什麼，然後我發現，我一直想著的是如何在工作上變得更有創意！這是我要的，也是我想增加的能力。我想為那些需要改善銷售力的人開發全新的教材。我從來沒做過這種工作，但我很樂意學習！而且我想試著讓枯燥的股票資訊變得更有趣。」

為自己辦慶生會

生涯顧問專家有一項經典的手法，他們會建議你寫下自己的訃聞，要你列出這輩子想達到的各種成就。但我發現，這種練習會導致刻板的反應，大部分的訃聞練習最後會寫出可以預期的種種「待辦事項」：他是個優秀而傑出的人，在他所任職的部門攀到最高位，參加了孩子們的每一場球賽，並且在本市最大的教會裡擔任德高望重的執事。這種訃聞在高聲喊著：請肯定我！我做得夠好了，可以拿獎狀了沒？對於那些一開始就懷疑自己的人來說，這樣的練習只會讓他們再一次掉入漩渦，陷進別人的價值觀裡，而且往往是他們父母或整體文化的價值觀。讓我們來改良這個老套做法，讓它更符合需求。

現在，想像自己活了八十個健康又活躍的年頭（而且還會再這樣活上許多年！），正準備為自己辦一次慶生會。你邀請了四個真正了解你的人，將在慶生會上發表祝辭，向你致意：

- 一位家人；
- 一位朋友；
- 一位同事；
- 一位社群同儕（來自鄰近社區、健身房、志工團體或某宗教團體）。

每一個人當然都會看到你的個性與成就的某一面。有人會指出你的成就；有人讚美你所具備的抽象特質，例如仁慈或認真盡責。你不妨花些時間思考你真心希望這四個人會提到你的什麼特點，然後在紙上寫下他們的「祝辭」。如果你還很年輕，怎麼樣都無法想像四十歲的生活，更遑論八十歲，那麼你可以換個方式，想像自己要求四個了解你的人（雙親？室友？），在你的學校畢業紀念冊上描述你。

寫下這些假想的祝辭，可以幫助你在旁邊寫下你的某些價值觀。譬如，如果你假設你的同事說你在職場上平步青雲，你可能會寫下「成功與付出」。若有人提到她多麼喜歡在假期拜訪你那裝潢得美輪美奐的房子，你可能會在旁邊寫下「透過居家藝術為人帶來愉悅」。

做這練習的人幾乎都會發現，有些祝辭相當不容易寫。你是否很難想像，有誰能針對某個範疇說你的好話？別因此感到氣餒，許多人在構思自己的祝辭時都發現了這道障礙。譬如，有人相信「社群」是一項重要價值，後來卻發現自己根本不認識鄰居。然後他們問自己：「社群」真的是我最重視的事物嗎？如果想找出一種生活方式可以讓我更能夠融入一個社群，那會是什麼生活方式？

或者，你會發現其他能夠幫助你確認你價值觀的思考源頭。以羅伯托為例，這名年近五十歲的父親經營一家電腦程式設計公司。他坦承自己簡直是用機械式的反應在做「最重要的五項價值觀」練習。「我當然把家人、愛國情操、宗教、尊敬和冒險列為五個最高價值觀。」他微笑著說：「一名優秀的西班牙後裔、信奉天主教、曾任海軍的實業家，還能有什麼選擇？」他的圓圈練習也反映出同樣的「明顯」模式。

「但你知道嗎，你知道是什麼讓我愣住嗎？」他說：「那個慶生會練習，要我想像自己希望家人如何頌讚我！老實說，我心頭一震。當我想像三個兒子會說什麼，這時我的確受到不小衝擊。我知道我一直希望他們說，我與他們的關係比我與家父的關係更親密。我希望他們說，我花了時間陪他們，經常讚美他們，幫助他們思考自己的未來。家父從來不做這樣的事。但是你知道嗎？」羅伯托沉默了一會兒，努力控制情緒：「如果兒子們根據我們現在的生活而說真話，就絕對不會那樣說。因為我完全投入公司，我確實賺到了我父親沒能賺到的財富，但是……」羅伯托說不下去，突然坐了下來。我知道，做過這個練習之後，羅伯托將會打造出更貼近自身價值觀的生活。

萬一你在乎的事物「令人難為情」

有些事物你馬上就知道你在乎，但是你不容易對別人承認你在乎它。本章稍早曾提到的芭芭拉．歐海爾，在兄弟姊妹間排行居中，後來成為圖書館館員，她很不尋常地坦承自己渴望成名，雖然她對此頗感難為情。你是否也在乎一些你覺得尷尬的事物，或者從某種角度來說它們不甚正確？你是否想發財、成名、掌大權、受人仰慕，但你很希望自己不是這麼想？

我們的文化一方面崇拜財富與名氣，卻又告誡眾人要做一個良善而謙卑的小工蜂。「你以為你是誰？」這句經常響起的貶抑話語，阻礙了財富與才華的發展。就連那些母親是舞台明星、父親是曲棍球選手而被迫出名的小孩，也都被教導成要說自己熱愛「辛勤工作」，不能說自己喜歡在表演或運動方面成為鎂光燈的焦點，應該要用低調的方式展現天分，當一個曖曖內含光的明星。

我要說，假如你想成名、想致富、想得到別人仰慕，你沒有道理欺騙自己。你不必刻意不看這些東西，卻轉頭選擇你認為比較值得別人欽佩的次要價值觀。你首先要找到的是那些能夠驅策你的力量，那些能夠推動你達成最大夢想的力量。如果你不誠實面對自己的價值觀，後果輕則分散你的動力，重則使得你的努力全部白費。你就是想發財，這有什麼問題？也許你生長在困苦的家庭，想把貧窮拋得遠遠的；也許你渴望擁有能用金錢買到的美（譬如昂貴的藝術作品）和冒險（擁有一艘自己的帆船）；或者你就是愛錢嘛！如果這些是你的內在動機，你就必須誠實面對這些動機，與它們愉快相處。

你擔心金錢與名氣會使你變成一個糟糕的人嗎？古希臘哲學家亞里斯多德認為，希臘公民若沒有給出夠多金錢資助戲劇活動，就稱不上具備充分的美德。如果你願意，你可以買下一艘出色的帆船，然後讓喜願基金會（Make a Wish Foundation）知道，若有哪位重症病人盼望能出海航行，你將備妥船與油料隨時恭候。你可以讓你的名氣在對你最有意義的地方發揮作用。想想英國黛安娜王妃，她不就讓全世界注意到了在亞洲危害兒童性命的地雷問題？

如果某個你不好意思說出口的價值觀真的使你困擾，也許你該檢查它到底是不是你真心在乎的東西。這個令你難以啟齒的價值觀，真的屬於你嗎？在我家，我父親要全家人都把「出名」當回事。多年來，如果我很喜歡一件事，卻覺得自己無法成為那個領域最傑出並因此出名的人，我就會放棄那件事。我不想在名氣世界裡當個失敗者。最後，到底是什麼力量在推動我呢？事實上，我是為了找到我真正重視的事物而前進；被我視為重要的事物，包括了讓全世界了解什麼樣的人叫做「多面向發展的文藝復興人」。

還是說，你曾經把兩個不同的價值觀混為一談？芭芭拉．歐海爾說她想成名，但她其實只是想在她所處的環境裡得到肯定。我知道有些人由於把「財富」列為重要事物而覺得恐慌，擔心自己是貪心的壞人。但他們主要只是不想再過小時候的匱乏日子，或只是希望為年邁雙親提供更好的生活。在這種例子裡，也許財富就不是重點了，反而該把「安全感」、「認可」、「尊敬」或「家人」列為重要價值，只要你確定你的夢想不會因此稀釋。

挪出時間給你重視的事物

許多「專家」會說，只要你清楚表達你的重大價值觀，你的餘生就會跟著這些價值觀走。然而，實際上想在日常生活裡排除那些不符合自己價值觀的事物，做起來比說起來困難得多。我們很容易陷入習慣，因循原有做法，而不去檢驗原有做法是否「正確」。認清楚自己的價值觀，可以讓你挪出更多時間給你所在乎的事物。

著有《左右逢源：創意人的生活革命》（*Organizing for the Crective Person*）一書的桃樂希・蘭可（Dorothy Lehmkuhl）指出：「如果你說某件事對你的生活很重要，你卻不花時間在上面，那麼你就需要改變你所謂的價值觀，或者改變你運用時間的方式。」檢查一下你的行程表上面哪些活動對你來說並不真的重要，這可以讓你撥出時間給真正重要的事。

有個方式可讓你發現你是否把掛在嘴上的重大價值落實在生活中。接下來要請你走出抽象思考與假設的世界，走進日常生活。以下兩個練習會迫使你問自己：我現在的活動反映出的是我自己的價值觀，還是別人的價值觀？我想要繼續依據這些價值觀生活嗎？若是我想要繼續，這些價值觀吸引我的地方是什麼？

◎我在乎的事物vs.別人在乎的事物，練習一

請拿出一張紙，畫成三欄。在第一欄的標題寫下「活動」，第二欄寫「從事這項活動的理由」，第三欄寫「這樣做，反映出了我自己的價值觀還是別人的價值觀？（答案可簡寫成『我』／『別人』）」。

首先，在第一欄列出你進行中的「方向」：你正在上的鋼琴課、園藝規劃、開車載小孩去練足球或參加足球比賽、你的工作、所有讓你感到愉快的事。

其次，看著每一個活動項目，然後問自己：「我該如何解釋為什麼我應該花時間做這件事？」然後在第二欄寫下答案。你可能會寫，載小孩去練習足球是因為「他平常都不說事情，只有在我車上的時候願意開口講」，或者因為「身為母親，應該載自己的孩子去練足球」。

第三，檢驗你從事每一項活動的理由，判斷每一項理由是否都反映出你的價值觀，而不是你母親、你伴侶、你父親、你前妻或前夫或同居人、你的老闆或大學死黨的價值觀。你所寫下的理由，與你自己的真正價值觀是一致的嗎？還是說那是你向別人借來的信念？如果載孩子去練足球代表你渴望與小孩說話，那麼就在同一列的第三欄寫下「我」（意指「我自己的價值觀」）。如果你的理由體現的是別人的價值觀，例如你父母深信當母親的人都應該接送小孩去每一個地方，就寫下「別人」（意指「別人的價值觀」）。

一旦你辨識出哪些活動不盡然反映你現在的價值觀，也就是那些被標示為「別人」的活動，就要開始思考如何排開這些活動。以下的練習二可幫助你做到。

我在乎的事物vs.別人在乎的事物

（練習一、範例。以下是我的例子）

一、活動	二、從事這項活動的理由	三、這樣做，反映出了我自己的價值觀，還是別人的價值觀？
週末早上房屋大掃除。	我習慣這樣做：吸地、擦灰塵、刷洗浴廁之類。	別人：這是我媽重視的事。我跟我先生並不在乎房子是否每星期都要打掃一次。
上水彩課。	一個藝術家必須廣泛習得各種技能。	我：我好喜歡學習新的繪畫技巧！
辦幾場讓人眼睛一亮的派對。	我們家以辦派對出名。大家都會談論我們辦的派對，等著受邀參加。	他們：先生認為辦派對是一種為事業拓展人脈的好方式。但事實上，活動當天，他常和幾個老同學窩在小房間裡看球賽轉播，沒有經營什麼人脈。
每週五天的早上去健身房運動。	大家都說，養成運動習慣可以增進健康。	我：我有一名私人教練協助，我的體能改善，我覺得神清氣爽多了！
週日上教會，並加入教會的花藝社。	撥出時間給心靈成長是件大事。既然隸屬某個教會，就該參加那個教會的聚會與活動。	我、別人：我認為人應該關注心靈成長，但在教會的時候不見得能做到這一點——我常只是聽別人叫我做什麼我就去做（唱這首歌、讀那段經文、聽講道……）

◎我在乎的事物vs.別人在乎的事物，練習二

拿出一張白紙，畫成兩欄。第一欄的標題寫「別人的活動」，第二欄的標題寫「如何排除別人的活動」。第一欄再次寫下你在練習一裡面劃分為「別人」的活動項目。第二欄寫下如何把這項活動從日常行程中排除。這項練習可以讓你把心力放在你真正重視的事物上。如果開車接送小孩所符合的是你母親的價值觀，而不是你自己的價值觀，那麼你能不能考慮與其他友人輪流接送彼此的孩子？或者與你的先生或前夫討論這件事？

有些人做這項練習時，會受到某些流傳久遠的傳統價值觀衝擊。例如「你身為丈夫與父親，不能再想怎樣就怎樣」或「我們家族的人一直都這樣做」之類的話。這些強而有力的價值觀所引發的活動確實很難排除。如果你遇到這種狀況，不妨先翻閱本書第十二章，那章談到了如何減少這類價值觀所造成的影響。

做了練習二的人，在實際執行了「我的／別人的」練習之後，會發現生活變得比較輕鬆，也從中獲得較多成就感。這是放諸四海皆準的道理：當一個人的動力是來自於內心最深處的價值觀，他就可以發揮最高的生產力和創造力，享受無上喜悅。對於一個經常不知如何取捨或者常感到愧疚的人來說，誠實面對自己在乎的事物是格外重要的練習。

我在乎的事物vs.別人在乎的事物

（練習二、範例）

一、「別人的」活動	二、如何排除「別人的」活動
週末早上房屋大掃除。	找些談論如何有效打掃房屋的書來看，只做那些我們覺得非做不可的清掃！列出一張「每兩週做一次」或「每個月做一次」的打掃工作清單。
到處採購，買到最物美價廉的東西。	立刻停止這件事吧。就用我的特約商店會員卡購買店裡的特價物品，甭管其他商店有哪些特價品了。
週日上教會，並加入教會的花藝社。	改成參加社區活動中心週日早上的冥想課程。把過去用來參與花藝社的週四晚上，改用來做時間較長的靜坐冥想。

4 四色冰淇淋的力量

我是大學生，在讀大學這段時間，我想學什麼都可以。但是我應該如何選擇？我爸媽說應該選修我真的很感興趣的科目，但是我看遍了選課表，幾乎對什麼科目都有興趣！上學期我選了太多課，搞得我像無頭蒼蠅到處飛。這學期我無法決定到底該修哪些課，有好幾堂課我甚至錯過了，因為我去登記的時候它們就額滿了。

——夏洛特，十九歲

像你這樣擁有多面向發展特質的人，必然有很多想法。可是，你是否無法把所有的想法都落實？我曾經在工作坊引述一位客戶的話，在場許多參加者聽了都會心一笑。這位叫吉寧的六十四歲客戶描述她的困境：「要我想點子絕對沒問題，這個問我老公就知道了。他很受不了我對那麼多事都可以躍躍欲試——但我都只有三分鐘熱度。不過假如談到針對目標切實執行，那完全是另一回事。」

本章要幫助你脫離這種行為模式，也幫助你把經常因此而自責的心情排除掉。你會了解到，你可以一方面參與各種感興趣的活動，同時享受到聚焦和清醒所帶來的可觀好處。

現在請拿出一張紙，列出目前讓你特別感興趣的事。不需要按照重要順序排列。你想做哪些事？對什麼事物格外著迷？哪些類型的主題特別吸引你注意？吸引你的主題可能只有一種，也可能五花八門。無論如何，都請了解：這張清單不必維持一輩子，甚至不必維持到下個月。我只要你描述你現在的興趣。你隨時都可以回頭增加或刪減。

列完這張清單後，問自己：究竟是什麼阻礙了你，使得你沒有去從事這些興趣？「開玩笑！」你會說：「看到我的清單沒？我怎麼可能真的去讀考古學研究所，鍛鍊三項全能，還變成西點大師？誰能有這麼多閒工夫投入所有興趣？不可能。我必須過濾，我知道我不可能每件事都做到。」

嗯，你說得有理。但我有個問題：為什麼你做不出抉擇？「開什麼玩笑！我怎麼可能真的卯起來讀考古學，然後眼看著我想開西點糕餅店的夢想泡湯？」

這就是矛盾所在。要不是人類壽命有限，大部分的人就不必苦於興趣太多、無暇兼顧。如果沒有時間限制——不必一星期上班五十個鐘頭賺錢餬口，不必花時間睡覺，而且還能長生不老——我們就用不著選擇究竟應該積極從事哪項興趣。

我寫這本書的目的，是要幫助你滿足現世的靈魂。大部分的人終其一生都有義務和帳單，必須做些愉快但費時的生理本能，像是吃飯睡覺。市面上談時間管理、績效改善和發財之道的書滿坑滿谷，卻很少有書能夠為像你這種多面向發展的人提供一點建議。這些人需要一套全新的工具來幫助他們過個好人生，而不是被生活困住。這類人，需要全新的思考方式來設計生命藍圖。我們就從地球上最快樂的地點之一——冰淇淋店——來展開新生命吧。

冰淇淋哲學的啟示

在生活裡，做選擇通常也意味著失去。因此我建議，不必做選擇，而是改成「聚焦」。為了讓你理解我所講的「聚焦」是何意義，請想像自己置身於一家冰淇淋店。這家冰淇淋店很棒，販售各種口味的冰淇淋、優格冰淇淋、冰沙、雪泥和義大利冰淇淋，讓人看得眼花撩亂。如果老闆說你只能挑選一種口味，而且從今天起一輩子都只能吃這種口味，你可能還沒做出「正確」選擇，店就打烊了——而你還沒吃到冰淇淋。

假如老闆說，店裡三十多種的冰淇淋、無糖優格冰淇淋、零脂肪優格冰淇淋、雪泥、冰沙、霜淇淋和義大利冰淇淋，你都能吃；這時你也會拿不定主意，對吧？

不難看出來，可以用這個吃冰淇淋的比喻來看待一個具備多種熱情的人。這類人，在只能挑選一個東西的時候會不願意做抉擇，在全部都可以要的時候，又會茫然不知所措。兩種情況都難以讓人滿意。

現在，假設冰淇淋店老闆給你另一種選擇。她給了你一個善解人意的微笑：「你未必只能選一個，也不是要從所有的選項之中挑選。」她說：「要不要試試本店知名的『四色組合』？」

這個概念很簡單：你每一次來店裡都可以點一道拼盤，選出四種口味；每一種口味的分量比你單單只選一項來得少一點，但是足夠滿足你的選擇的渴望。

「聽起來不錯。」你說：「不過，貴店可有幾百種口味呢。我不太確定我是不是能把選擇縮小為四種。我怎麼知道自己是不是做了最好的選擇？」

老闆說：「這不成問題。下次你來本店，可以選另外四種口味。你可以挑上次吃過覺得還不錯，也可以挑一個全新組合。由你決定。你第三次來的時候，可以根據前兩次的經驗再挑選另一個組合。」

你可以連續三次都挑巧克力口味；你可以在第二次時把芒果口味換成椰子口味；到了第三次，你想知道白巧克力起司蛋糕口味或藍莓口味是不是比巧克力餅乾口味好吃。

如此一次一次體驗，也許你能找到最完美的組合。不過既然你是一個多面向發展的人，你可能不會甘於永遠只能拿一種冰淇淋組合。這不要緊，因為你每次來店裡都可以換口味。最重要的是，你不會再愣在櫃台前，像冰淇淋一樣僵在那裡，至少你會有東西下肚！

換句話說，聚焦在四種口味上，你可以比較容易做出決定。聚焦法只會讓你得到更多，而不會更少。在一個處處是可能性的世界裡，聚焦法不但提供你多樣選擇，也能讓你心思清明，足夠專注。

焦點組合策略

請依照上述這個冰淇淋的比喻，找出你自己的組合。我用「焦點組合」一詞來描述你的「口味拼盤」。請你找出四種你目前有強烈感覺、希望自己能專注發展的熱情焦點。你在本章稍早列出的目前所有感興趣的事物清單，可以幫助你

冰淇淋的人生啟示

□做選擇不等於失去。你不是「只能」要一種事物，卻可以有多種選項，只要你學會如何「聚焦」。

□每一次選四種口味（熱情／興趣），同時嘗試。「四」是個有趣的數字，你覺得四種似乎夠豐富，但又不至於超過負荷。將來你可以換口味，隨你高興要全部都換新或者只換一種。

□也許你總想找到一種「完美組合」，但你一直找不到（很可能並不存在所謂完美的組合），不過你已經學會了做選擇，學會了刪去，最重要的是：你做出了決定，而且測試了你的熱情。

挑選四大重點。以後你可能會改變焦點組合的內容，反映出你另外一套不同的興趣。

這個焦點組合法，很適合一個在工作與享樂上都朝多面向發展的人。理由之一是，這方法讓你不再做不出決定；你不必再多花時間空想接下來要做什麼，而可以實際進行有意義的行動。「採取行動」這件事本身就是一種莫大的紓解。此外，同時進行幾種數目合理的興趣，可以滿足你對於多樣性和可能性的渴望。以前我們把精力用來拚命保有全部的選項，現在可以把力氣拿來從事四種左右的愛好。這種快樂的能量會自我複製，你從某項活動中獲得的快樂，可促使你投入另一項活動。每一天都在開心的節奏中前進，而且這不是受到不當刺激的狂亂反應。

我舉個例子，說明這項策略如何讓一個年輕人從無法做決定、無法採取行動的泥淖中走出來。艾默立在唱片行當店員，但他一直知道自己想要用什麼樣的工作賺錢：他想管理一家夜店。可是他彷彿期待這份新事業會從天上掉下來，而不是自己去做點什麼，讓事情發生。此外，他在工作之餘的興趣太廣泛，所以他總是沒能從任何一項興趣當中獲得滿足。吉他躺在角落呼喚他；新婚妻子被他忽略，兩人關係每下愈況。他喜愛運動後的感覺，卻沒能遵守固定行程安排運動，經常一連幾個星期沒上健身房。朋友們老是聽他說他想去義大利住三個月、寫幾個喜劇劇本，聽得都覺得厭煩了。他呢，也不常抽空與朋友碰面就是了。

艾默立來找我。我讓他做這項焦點組合的練習，這時他產生了強烈的身體反應：

他鬆了一口氣，發出一聲連屋子外都聽得到的嘆息。他欣然領悟到，他的下半輩子不必面臨二選一的困境，以為自己只能選擇一項興趣，或者同時應付一大堆興趣。

但這並不表示他馬上就能把他一長串的興趣清單縮減為四個。（不是每個人都只選出四種焦點，不過艾默立和許多人一樣，發現「四」是一個可以掌握的數字。）他在想盡辦法要聚焦、挑選四種興趣的時候，想到了幾種可以同時進行的事物。他的第一種組合是：多花時間與妻子相處；到成人教育中心選修一門基礎管理課程；他也打算認真寫一部短篇喜劇；最後，他決定每週花五天早上運動，快走一小時。

艾默立把精力放在這四個焦點上，過程中發生了若干有趣的發展。由於他比較常在下班後與妻子聊天、燒菜、作伴，使得妻子變成最支持他寫劇本的人。他開始寫劇本之後，妻子建議他，先做一次非正式的演出。夫妻倆開始一起繪製舞台布景，到大賣場採購道具。整個過程讓他們覺得很滿足。現在他們計畫寫出更多短劇，未來可以在幾所高中或銀髮族活動中心演出。誰知道會發展到什麼境界去呢！

由於去上了管理學的課程，艾默立了解到想管理一家擁有數十名員工的夜店需要很長的工作時間，不是他以為的上班到深夜就夠，其實是得忙到清晨，而且還得在下午就開工。上了這門管理課之後，他轉了念頭，考慮經營零售商店，工作比較能夠預期。他找了自己工作的那家唱片行經理談過，對方給了他一份名單，讓他去試試運氣。

另外，快走運動也讓艾默立感到滿意，他運動的次數夠多，使得他見到成果。但他知道自己不需要在這方面火力全開。他縮短快走運動的時間和每週的運動頻率，挪出時間學習義大利文，而他常在快走的時候一邊聽著義大利語言教學錄音。現在，他的焦點組合上面維持著四項活動，但略微做了調整：寫更多劇本、與妻子相處、爭取零售商店經理的工作機會、學習義大利文。

最後，艾默立沒有在哪一家夜店擔任經理，還沒有造訪義大利，他的吉他也還在角落吃灰塵。但是他使用焦點組合法六個月之後，獲得不少深刻的體驗，所以他很期待尋求其他的新體驗。

一個多面向發展的人才，假如可以先聚焦在三、五件事物上，暫時擱下其他事物，這可以使生命大為改觀。聚焦法的重要性無可言喻。我們沒辦法像表演雜耍似的同時投入幾十種興趣，但稍微集中焦點，可以產生豐富成果。如果艾默立企圖投入他的每項興趣，他絕對不會有時間迎接新的機會。

變動的聚焦過程

這個確認你第一份焦點組合的過程，會是一種變動的過程。希望它能為你帶來樂趣。這個過程，需要你認真努力思考，深入思考，而且你要願意仔細推敲你的這個組合，好讓這份組合能夠貼切反映出你現在的需求。以下有幾個方向，供你在選擇焦點

不必與別人一樣

你的冰淇淋組合，可能與艾默立的大異其趣。（雖然你可能在想：嗯，寫劇本，聽起來不錯。讀義大利文？我找一天也來試試！）但這完全無妨。以下例子可以讓你看到，每個人的焦點組合可能與別人多麼不同。

☐狄妮絲：1. 攻讀商學院；2. 拍紀錄片；3. 旅行。

☐理查：1. 做個陪伴子女、更可靠的父親；2. 持續吹長笛；3. 蒐集農具；4. 修理東西。

☐艾德：1. 為老人組織有意義的活動；2. 禪修體驗；3. 打高爾夫球；4. 塑陶。

☐愛咪：1. 參加射箭比賽；2. 陪伴家人，好好相處；3. 在工作上發展新的廣告素材。

☐凱瑟琳：1. 找出新方法來宣傳她的精品店；2. 發掘獨特商品；3. 創新商店陳列；4. 訓練店員。

組合時參考：

一、大部分的人會選擇同時維持四個焦點。對於一個具備多種熱情的人來說，「四」似乎是一個幸運數字。同時擁有四樣興趣，似乎能在一方面喜歡多樣性、一方面又需要專注的這兩端之間達到平衡。可是，你必須找出最適合你自己的數字。不少人可以在一段時間裡只全心投入一項興趣；有些人依照季節輪替他們的興趣。也有人無論何時都要同時投入兩、三種或甚至五種項目才滿意。每當我遇到了很有企圖心的文藝復興人，我都會提醒他們，這個焦點組合的目的在於「設定界限」，焦點一旦超過五種，就可能會使得你動彈不得或者猶豫不決。

二、不要讓現實因素磨滅你的夢想。本書後面有一章會告訴你，如何衡量現實因素，例如如何同時賺取不錯的收入又能照顧小孩。不過，在這個練習我還不希望你擔心，如果你整個下午在後院做木工的話，哪還有時間做家事；我也不要你擔心，如果你去博物館當了志工，誰來幫忙照顧你母親。現在是你為自己做夢的時候，做幾個既有趣又刺激、還能讓你心滿意足的夢。待會兒有的是時間來面對真實世界。

三、你確定自己非常非常熱愛工作，才需要考慮把受薪工作納入組合裡。有人對工作懷有高度熱忱，於是把工作列入焦點組合中（看一看凱瑟琳和愛咪的清單）。然而對一個多面向發展的人來說，熱情會在哪個地方碰上收入，這是說不準的事。如果說，你想追求興趣意味著你必須放棄現有事業，或者你希望白天的工作收入可以資助你從事其他興趣，那麼你就不要把受薪工作列入焦點組合裡。現階段的練習，不要你被錢的問題絆住。我希望你專注在四個你認為最吸引你的領域，四個你可以發光發熱的領域，就算這四個熱情焦點不能讓你賺到一毛錢也沒關係。

四、你一定要是真心熱愛（或者真的有特殊興趣）某些不支薪的工作，才需要把那些工作列入你的焦點選項裡。照顧高齡親戚、清洗衣物、料理三餐都是重要的工作，但是如果你不是打從內心認為這些是你的責任，就不要列入。一個定期在某社團組織的廚房裡幫忙的人，假如這項義務工作對他深具意義，他可能會把這項活動列入焦點組合。前面提到的那個理查，他是單親爸爸，他覺得自己匆匆忙忙做個三明治給兒子當午餐便當，匆匆忙忙送兒子上學，這樣的相處只是「公事公辦」。他想花點時間做些特別的活動，譬如與小孩一起玩捉迷藏。因此理查把「與兒子的特殊活動」列入焦點組合，而不把日復一日的親職列入。

五、不管你的焦點組合究竟是和別人的組合大異其趣，還是非常相像，你都不必

擔心。前面提到的理查、狄妮絲和艾德等等幾位多面向發展的人，都在自己的多種愛好之間保持了平衡。至於凱瑟琳，她把自己的禮品店事業看成是一個「工作」（第一章曾略略提到這個概念）。她的每個焦點都朝向同一把工作傘（也就是她的精品店），同時又能滿足她對於設計的興趣（創造出有吸引力的陳設）、分享她的知識（舉辦在職訓練講座）、與藝術家共事（搜羅他們的藝術作品），並且享受鎂光燈的照射（她自己處理廣告宣傳）。這些人都是在平衡自己的多種熱情。

六、不要給自己壓力，以為必須把每一個熱情焦點都付諸行動。客戶最常問我一個問題：「如果我開始投入這個四色焦點組合，會不會得把自己忙死？」除非你自己想要每天過得團團轉，否則若你想成為一個多面向發展的人，並不需要隨時都得做什麼。你的焦點組合只不過反映出你想追求的事物罷了。我有位客戶就是這樣，他的焦點組合包括了每天打坐冥想、研讀宗教書籍、去一處遠離塵囂的修道院過一段日子。

你可能會發現，隨著時間過去，你從事這幾項焦點活動時的步調和緊張感會漸漸變得舒緩，達到平衡狀態。一個多面向發展的人假如成立了顧問公司，他的焦點組合會是活躍而積極的事情，譬如爭取銀行貸款、經常安排商業午餐與客戶談生意。而後他決定把公司交給一名部屬管理，他調整了自己的焦點組合，變得悠閒許多。他目前的目標之一是每天騰出多一點時間，而不是去找更多事來做。不過，他並不是「從今以後」都會這樣悠閒度日，誰知道，他下一次再調整焦點組合的時候，可能又會是積極前進的目標。

七、切記，這不是你的最後一份組合。你確實應該仔細思考你的每個焦點，但不要讓自己為了選出最完美的組合而動彈不得。你隨時可以更改你的焦點組合，增加某一項目或者刪減某一項目，讓你隨時都能保有最好的組合。我的朋友格瑞葛說得好：「這實在可以說是再也不會有『結束』這件事了，不是嗎？每件事都會引發另一件事，我可以追求無數種的連結。」

八、如果你願意的話，你的焦點組合可以維持很長的時間。你學會了分辨什麼是焦點、什麼是選擇之後，也許浮現一陣喜悅，但很快

沒有「正確的」焦點組合

我有許多客戶，不管年紀如何，都憂心於時光不再、光陰流逝。他們的緊張表情寫著：如果不趁現在弄出一個完美的焦點組合，一切就都完了！如果你發現自己也滿腦子想著「一次就要把它搞對」，不妨回頭再做一次第二章的「我還有時間！」練習。

轉為焦慮；你是否往前看，想像接下來幾年的日子都會像是發了瘋似的不斷轉換興趣，總是在改變，從來感受不到平靜或安定？

容我這樣回答：擁有一個焦點組合的人生，比起你沒有這種焦點組合，你會安定很多。焦點組合其實也可以維持很長一段時間。我有個姪子辭掉了他在知名出版社當編輯助理的工作，進入一所要求嚴格的按摩治療學院當全職學生。我推想，接下來幾年，按摩會一直是他的熱情焦點。目前他除了按摩治療之外，還有兩項興趣，一是拍攝黑白照片，另一是遊遍美國及法國。再過五年或十年，他的人生看起來可能和現在差不多，也許當了爸爸，那麼至少在孩子還很小的時候，他可能會把「親職」列入焦點，而把旅行刪掉。就算是最像富蘭克林的人，也會有一段長時間過得平靜無波。

你想吃什麼口味

下面這項練習，希望能給你一個安全的環境讓你釐清自己的想法，完成你的第一份焦點組合。你不必被你寫下來的任何東西限制住，總之你想到什麼就寫下來，持續探索任何你想過要放進這個焦點組合裡的事物。你也可以在往下閱讀這本書的時候繼續琢磨這些想法。最後你會發現，其中的三五個想法似乎最適合目前的你——總之，你要記得你隨時可以更改這份組合。

到這裡，我都請你把現實問題擺一邊，儘管編織你的第一份焦點組合。這樁做夢的任務挺辛苦的，現在休息一下，回味自己完成了多少吧。你可以把這本書放下，擱幾天再繼續讀。你也可以喝杯咖啡歇口氣就回頭繼續。本書會更深入探討焦點組合這個概念，而你一面讀、一面認識自己朝著多面向發展的性格特質，隨時可以回頭修改你已經列出來的焦點組合。

準備妥當之後，接下來要看我先前請你暫時不要擔心的課題：金錢。唯有不必擔心經濟問題的人，才有本錢在規劃人生的時候不在乎收入問題和教育程度問題。許多人在規劃人生藍圖的過程中會心生畏懼，感到膽怯，因為他們想到了幾個問題：我該怎麼謀生？該如何接受教育或訓練，好讓我可以追求那些興趣？接下來的第三部就要討論這些問題。

你的第一份熱情焦點組合

請在以下的空格裡寫下想法。給你五個空格，以防你不想只有四個焦點。你可以用鉛筆寫，隨時可以擦掉；你也可以用便利貼，隨時可以抽掉或替換。這種做法能讓你知道，你做的選擇並不是白紙黑字永不能後悔。你也可以回到本章前面的練習，從你目前的多種興趣清單裡尋找靈感。

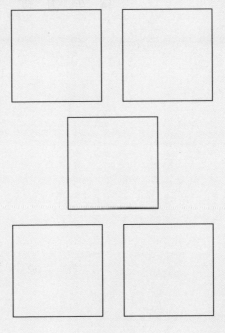

PART THREE

兼顧現實

5 真工作，帶你圓夢

我和我哥都是興趣廣泛的人，可是我們的人生路走得完全不一樣。我的四個熱情焦點是相差甚遠的事物，我是透過各種兼差工作來進行這些興趣，把錢賺進口袋。我哥艾略特則需要一份高薪的全職工作，他想存錢開一家屬於自己的咖啡館。目前他在一家連鎖賣場當分區經理，並利用公司提供的免費員工管理與顧客管理技巧課程，為自己將來的開店事宜預做準備。

——路克，四十五歲

請看下頁的圖示。這張圖有兩個圓圈，其中一個圓圈裡包括了你的四個焦點與趣，另一個則包含你的收入來源。大部分的人一開始會認為這兩個圓圈是完全無關的，覺得自己的工作與自己「真正的人生」相距甚遠。

對大部分的人來說，理想的情況應該是兩個圓圈漸漸靠近，直到完全重疊。到達這個境界後，你的愛好就成為你的收入來源。本章將告訴大家，哪些方法可以把這兩個圓圈拉近。

日間工作與「真工作」

珊卓拉是一名公關人員，為一位要求嚴格、暴躁易怒的社會名流工作。不過珊卓拉更想靠著演唱節奏藍調（R&B）維生。她上了發聲課程，也在週末兼差演唱，但這距離她用演唱餬口還有一段時日。我們可以說她被一份她所厭惡的工作綁住嗎？對珊卓拉來說，左思右想難道只能得到一個老套的結論：「別辭掉白天的工作」？

完全不是這麼回事！我們都知道，所謂的日間工作只是為了賺錢，而你在生活中其他地方找尋滿足。可惜許多多面向發展的人才是這樣規劃生活的：他們在

熱情焦點與收入

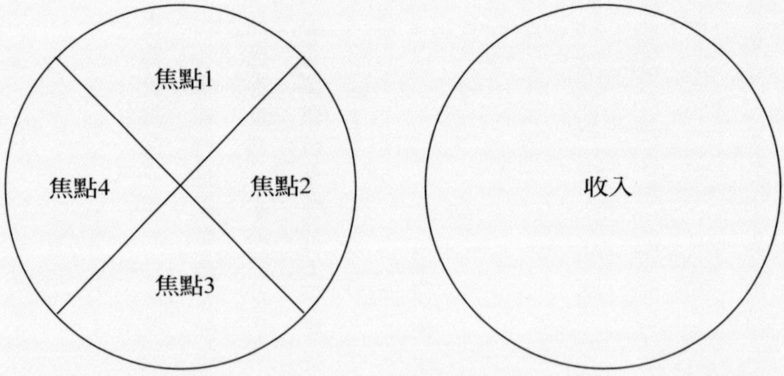

報紙分類廣告或網路上搜尋他們自認「符合資格」的有薪工作，一旦每週四十小時（或者五十、六十小時）的工作安排就緒，便嘗試把興趣塞進工作之餘的時間空檔。一開始他們頗為樂觀，充滿活力。但後來呢，工作壓力、辦公室人事糾葛使得他們心生疲憊。到了週末，他們只剩一絲精力去做原本希望能夠從事的愛好，而且通常覺得無精打采又心情沮喪。

我建議大家選擇一個我所謂的「真工作」。我用這個說法來提醒大家：工作只是工作、卻也不僅是一份工作。找一份真工作，是你確保收入來源的聰明辦法，它既可讓你有收入又可讓你貼近你的焦點組合。也許此時此刻你非常想辭掉工作，展開你的夢想，讀完本章後，你可能會對工作產生意料外的正面觀感。為什麼？兩大理由：因為你將學會如何選擇一份工作，也將從這份真工作中認識到真正的自己。

如何選擇一份真工作

與其在一份榨乾生命活力的工作上埋頭苦幹，何不選擇一份能夠讓你拓展你多樣熱情的真工作？

比方說，有個高三女學生在畢業那年的暑假，與家人到充滿異國風情的國家旅行……就說是烏魯木齊好了。她在旅行中對於那些編織籃子的老太太感到著迷，許多老太太已經九十歲甚至上百歲了呀。這位少女具有典型的多面向發展特質，她渴望用相機拍攝這些老太太令人驚奇的臉容，想趕緊寫下老太太們的故事以免她們的文化很快消逝。少女也想深入了解，為什麼老太太們用當地的纖維材料編織籃子幾十年了，雙手卻無皺紋也無老人斑。

少女回到美國後，立誓要完成自己想做的這些事。但她沒有錢買機票，也不知該如何操作專業攝影器材。缺少充分的積蓄，讓她無法投入這項興趣。

不消說，當這名少女翻閱報紙分類廣告想找工作，她找不到幾個工作是適合一個對於烏魯木齊籃子編織手藝有興趣的人！為了讓這個故事增添些困難度，姑且假設這個高中畢業的女孩唯一拿得上檯面的技能是簡單的電腦資料輸入。她需要工作，但她能做什麼呢？

她可以為航空公司擔任資料輸入人員，這樣她便能拿到飛往烏魯木齊的減價機票。她也可以為攝影公司從事資料輸入，這樣她就能用特價買到最好的攝影器材來拍照。又或者她可以在《國家地理雜誌》或《史密森尼博物館誌》這類雜誌擔任資料輸入員，這些地方的同事能夠了解她為什麼對烏魯木齊籃子編織工藝如此感興趣，並幫忙培養她這方面的興趣。這個「真工作」，不但能讓她稍微接近一點她的興趣焦點，也有助於提高她的活力，而不是把她榨乾。你可以想像，假如她在分類廣告上隨意挑選，最後是為保險公司或醫療診所輸入資料，前述的去航空公司或攝影公司工作不是更有意義、也更能帶來活力嗎？

我自己也有過真工作。我初創諮詢顧問工作室的時候，剛開始的客戶人數並不足以應付我的必要開銷。大部分事業都是這樣：需要一段時間讓口碑傳開，建立熟客群。既然我缺錢，我便去找一份真工作，我到附近一所學院教書，教的是職業駕駛執照的訓練課。

這門課所需要的授課技巧，是全世界最沒有創意的教學方式。校方指示我完全照著手冊教，然後為學生進行模擬測驗。校方忘記了，來上課的學生個個都是駕駛大型車二十年的老手，而我從來沒搭乘過那類大型車輛。另外還有其他問題。這堂課指定的教室，位於學校的體育館地下室，又濕又冷，還沒有窗戶。而且我每次來到教室時，有一半的機會遇到門還是鎖上的，我得去找管理員來開鎖。一直以來我都在優秀的讀寫中心教書，來這兒上駕訓課，我卻得用機械化又僵硬的方式授課。

我為什麼還要接受這份真工作？因為，在我那個事業階段，我必須同時做好幾件事。我想重新研習新近的職場生態；我為了準備自己工作室的講義，需要用到能夠自動整理裝訂的專業等級影印機。最重要的是，我希望結識職業輔導中心的專業人士，因為這些人負責為學校教職員安排訓練課程和研習會。我這份真工作，不但讓我的大腦有餘裕應付其他任務，也讓我在學生們進行模擬測驗時，可以有幾小時時間閱讀相關資料與書籍。我獲准使用學校的影印機——只要我使用自己的紙。而且我既然是學校教員，我還得到一項重要的額外好處：我在免費對外開放的職業發展課程上，得到建立人脈的機會。我接下這份教職，不是只為了賺一點錢，好讓我家人不因為我籌設新事業而花掉存款。我沒有被這份工作耗損，而是利用這份真工作讓我的新事業更快獲利。

真工作的五項標準

真工作應該至少能提供以下的一項益處。若可提供兩、三項好處，那麼這就是一份真的很棒的真工作。

一、收入或福利

就定義來說，真工作都能提供收入，但收入的多寡不一而足。有些人需要一直都能有現金進來，有人則有積蓄可以撐一段時間，直到他的某個熱情焦點為他帶來收益。有人可能會需要一點額外的資金或保險金，以維持自己個人或家庭的財務穩定。

減價優惠是另一項好處。你需要哪些事物來推展你的熱情焦點？機票？專業服裝？運動器材？我有一名客戶在高中教拉丁文，他全身上下看起來都像典型的學者：毛呢外套、兩袖手肘部位縫了皮革補丁，家裡從來沒有電視機。他的興趣之一是寫一本詳談希臘思想史的書。想寫一本書，紙筆似乎已經不合時宜了，他想擁有一部可以協助他工作得更有效率的電腦。因此在某個暑假的六或八個星期裡，週二及週四早上可以看到這位學者到電路城（Circuit City）消費電子產品連鎖專賣店工作。他刻意要求在一週當中來客數最少的時段上班，這樣他才有時間了解哪些電腦款型正在特價銷售，又有哪些軟體符合他的需求。他賺到了足夠買新電腦的資金之後，便用員工優惠價買下，然後就辭掉那份工作。

二、活力

一份真工作能幫助你保有活力，讓你在下班後仍然有許多精力從事你的焦點與趣。很少人知道，真工作可以平衡活力。舉例來說，有個客戶第一次來找我諮詢時就告訴我，他在一家保險公司做事，但他真正想做的是寫小說。我與他繼續討論，他決定把原先這份高薪的保險事業當成真工作，然後把餘暇時間用來寫作。那個星期的星期五，他打電話來，語帶恐慌：「我不知道發生了什麼事，昨晚我坐下來想寫作，最後我卻和一個朋友出去打保齡球。可是我根本不喜歡打保齡球！」

我問了他幾個問題才發現，他的真工作不是我以為的保險業務員，而是個整天窩在小隔間裡用電腦計算平均壽命表的精算師。可想而知，假如他下班後還獨自在家面對電腦，這不會太好玩。這時候若有朋友打電話邀他出來湊一腳，他便應聲而去。這名客戶需要的是一份社交性較高的真工作，好讓他平衡寫作的孤獨。後來他與公司的人力資源部門談過，轉調到一份有比較多人際互動的職務。

如果你的某個焦點興趣是需要對別人發揮愛心與提供照護，你的做法可能要與上述相反。假如真工作和焦點興趣需要相同特質，你的耐心可能很快用盡。這種人最好就要避開醫院工作、人力資源部門，或其他需要解決別人問題的工作。

三、時間

假如你的真工作能夠讓你閱讀、打電話，或者使用電腦，那麼這份工作便可為你節省時間。假如你的上班地點交通便利，就可以每天為你省下一、兩個鐘頭。有時候，想完成你的熱情焦點，你需要在每年或每天的某段時刻都空出時間。我有個在中學教藝術的客戶，對生活感到無聊，她的興趣之一是擔任志工，照顧來日無多的重症兒童。但那些兒童最需要她的時間是週間的早晨，也就是孩子們的雙親在工作、而孩子們精力正旺盛的時刻，但早上恰好是她無暇分身的時候。於是她找了一份能夠讓她早上空出時間的真工作。

我再度見到她時，她雙手彎成杯狀，伸向我，彷彿向我獻上一件珍寶。她手裡是一張徵求個人看護的分類廣告。假如我在第一次跟她晤面時就說她可能會想做居家看護，她八成會把我當作神經病。然而她發現這個徵人廣告時，興奮莫名。這份工作是要照顧一對富裕的高齡姊妹，薪水和她當時的日間工作一樣多，而且工作時間非常完美：每星期，從週日早上七點半到週二早上七點半，一共兩天；期間她假如留下來過夜，還可另外支薪。由於她表現出比其他九十名應徵者更高的熱忱，於是她被錄用；週二到週五的早上，她在一處安寧病房擔任志工。

四、訓練與設備

別瞧不起那些可供你使用昂貴設備受訓、進一步磨練你為了追求熱情焦點所需技巧的機會。你現在這份看起來不怎麼樣的工作，如果提供了語言學習視聽室、內容充實的圖書室、免費電腦課程、進修班或其他研習機會，或許就可變成相當不錯的真工作。我有個客戶，在一家製造大型工業建築排氣設備的公司裡擔任基層工作。他對排氣設備毫無興趣，但是他訓練自己學會使用公司的電腦和設計軟體。他的上司頗欣賞他的態度，因此同意讓他參加公司舉辦的電腦輔助設計課程。

五、建立人脈，自我宣傳

這樣的真工作，可以讓你在一個得到共事者的了解、又能與你溝通的地方發揮技能。我有個客戶是位中年喪偶的太太，必須重返職場。她以前有祕書工作的經驗，但內心真正喜愛的是藝術。我和她都知道，沒有正式的訓練，不容易立刻進入藝術事業，但她可以在附近的小型美術館從事基層行政工作，她會有機會找館長與義工討論她喜歡的主題。她接下這份行政工作幾個月後，有一批宣傳新展覽的傳單送到美術館。她詢問是否可以讓她利用傳單與其他材料在一塊空白牆壁上為該展覽設計一個宣傳的展示作品。她在那個週末發揮了藝術天分，到了星期一交出相當搶眼的作品。展覽結束後，該拆下那個宣傳作品了，同事們都認為，空白的牆壁看起來空虛淒涼，於是請我這位客戶再創作另一項展示作品。事情就如此進展，每當美術館有新展覽，她便去找相關工作人員討論，合作設計宣傳作品；直到有一天，有人提到另一家美術館有個陳列展品的職缺在找人。有了同事的祝福與推薦，她申請到這份工作。沒多久，這位欠缺專業美術學位的女士，便進入一間頗孚眾望的美術館得到一份薪水高得多的工作。

我這是「真實」的工作，怎麼辦？

你說，你現在這份工作是一份「真實」的工作；你為了這份工作接受訓練、勤奮努力，並獲得應有的待遇，而且你朝向成功邁進。我說，假如你的熱情在他方，再成功的事業也可能只不過是一份帶來薪水的工作，但它會耗盡你的精力，讓你無力投入新的挑戰與愛好。如果這正是你的處境，那麼先前提到的幾項真工作標準也適用在你身上。請你先拿你現在的工作對照上述「真工作的五項標準」，看它為你帶來幾項好處。如果它沒有為你帶來上述的任一好處，我接下來要問你：你現在的工作，能不能

好的真工作

以下列舉若干例子，以及它們的好處：

☐在附屬學院擔任講師：可讓你使用學校的藝術教室裡捏陶用的轉輪。

☐停車場或電影院的收票員：可讓你擁有許多不受打攪的時間閱讀。

☐美容院的櫃台接待員：想讓許多人知道你剛剛開了一家按摩店？美容院是個不錯的地方。

☐嬰幼兒診所的助理：讓你有機會分發宣傳小冊，推銷你自己販售的哺乳女性專用運動服。

☐小型社區有線電視公司的銷售代表：可讓你接觸到節目攝製的工作人員和電視製作的技術領域。

☐擔任企業女強人的專業祕書：讓你有機會為自己以後的室內設計公司建立客戶群。

☐知名連鎖飯店的業務代表：藉此機會為自己想開設的公關活動公司建立人脈。

☐青年旅館的經理：藉此取得經驗，為你將來的民宿事業鋪路，或為你日後的清潔事業或餐飲外燴事業找到有力的推薦人。

☐大型企業的人力資源職務：所取得的經驗和人脈，有助於你跳槽到人力資源公司，或甚至開設自己的人力公司。

藉由某些新做法而符合這些標準？譬如你能不能在午休時間利用辦公室設備？你能不能在其他部門認識幾個具備某些技能的人，他們的技能有助於推展你的興趣？你的上班時間是否有彈性，讓你可以每天晚幾個小時進公司、晚幾個小時下班，於是你可以把早上的活力投入你真正的愛好？

許多擁有多種熱情與興趣的人，最後不得不向公司裡的心理輔導室求助，因為他們「討厭」、「鄙視」、「再也受不了」目前的工作，多做一分鐘都不行。但一旦他們了解唯有追尋熱情才能體現他們的特質，他們通常會決定留在現職。假如工作只是工作，它便會惹人厭。但假如它是一份真工作，就可帶來在別處賺不到的時薪，或者因為他們對這份工作如此熟悉，閉著眼睛做也可以完成任務，所以他們可以把更多心思放在自己的焦點興趣上。如此一來，工作不再是「黃金手銬」（譯註：golden handcuffs，這是指企業以紅利或優厚的退休條件留住員工的做法，像是黃金的手銬），辦公室裡的牛鬼蛇神和人事傾軋變得有趣，不再是累人的事，而且他們也比較不會變成工作狂，因為他們的認同感已經不放在工作上了。

你是做什麼的？

人人都在各種社交場合上被問過：「你是做什麼的？」我們對這問題的習慣性答案反映出一件事：我們賺錢的方式，從某個角度來說等於我們的身分認同。如果你碰巧喜歡你那份會寄給你薪資所得扣繳憑單的工作，那麼我這句話對你來說就可以成立。如果你是房地產經紀人，喜歡把人們引介到他們可能會喜愛的地點，那麼你談論工作時便會神采飛揚，聽你說話的人會對你留下好印象。但如果你熱中於認識那個偏遠的烏魯木齊，而你白天的工作卻是在一家保險公司輸入資料，你可能就會用一副認命的口吻和身體語言對別人說：「喔，我在某某公司上班。」你每回答一次，就更覺得自己的人生失敗。你說完，發問的人絕對不會說：「啊，你真該和我姊夫聊一聊，他在大學裡教烏魯木齊文化史！正在找研究助理！」因此，為了讓你的興趣與你的收入盡可能接近，請記住以下兩點：

第一，你的身分認同，必須是在焦點圓圈裡面，不是在你的真工作圓圈裡！你不是那個整天像機器一樣搞法律文件的人（真工作），而是一個「受訓準備參加極限競賽的滑雪選手」（熱情焦點）。你不是一位不動產估價師的助理（真工作），而是「繪製美國內戰路線圖的繪圖員」（熱情焦點）。

第二，每當回答你是「做」什麼的這個例行問題時，每一次都要以你的熱情焦點作為答案，而不是回答你的真工作。

我在教職業駕照課程的那年，感恩節假期的家庭聚會上，十來個親戚問我「最近在做什麼」。我並沒有回答「噢，我在教卡車駕駛們如何通過那個愚蠢又無意義的測驗」，這會讓大家既困惑又感到訕訕然。我反而談起我為我的新事業製作宣傳手冊的時候遇到了哪些課題，並得到熱烈的回應，譬如：「你知道我是做繪圖設計的吧！要不要把你的問題用電子郵件傳給我？」

當你把重心放在你的焦點上，就會發生奇特的事：原先由於把身分認同與工作混為一談所帶來的壓力解除了。工作的時光變得輕鬆、更令人精神奕奕。再以我的情況來說，我那時候在潮濕陰暗的地下室裡教那可笑的課，對著一群比我更了解我的教學主題的人說話；如果我把這份工作當成我的身分，那麼我遭受的那些不當待遇可能會讓我吃不消。我可能會把學校裡瑣碎的辦公室政治當一回事，我還會想弄到像樣的暖氣設備、教室鑰匙或者升遷機會。如果我想靠著職業駕駛執照老師的地位獲得尊重，並以此作為身分，我可能會想辦法說服那些卡車司機背誦指導手冊的全部內容，而且要認真看待模擬測驗——然後我就會由於他們的反抗而感到挫折。

但是我沒有。我知道自己只是用這份工作來得到我想要的事物，我也知道這份工作與我的身分認同無關，我沒把辦公室人事與老是上鎖的門當成衝著我來的問題。我和卡車司機們一起開心上課，而不是與他們對立。上最後一堂課的那天，他們起立為我鼓掌，送我一張百貨公司的禮券——這可是學校裡的頭一遭。沒多久，我得到一份更好的真工作，負責講授教職員的生涯發展課程！

興趣與收入的距離

在做本章一開始的「熱情焦點與收入」圓圈圖時，我大部分的客戶總會發現，他們的這兩個圓圈離得很遠。他們一方面必須有一份能掙錢的工作，一方面想辦法推展他們的焦點熱情；這時他們還沒有從與興趣有關的任何活動中賺得收益。但是他們建立了人脈，存下一點錢，參加了課程，當了義工或實習人員，學到新的技能。慢慢的，當他們有客戶上門或者找到資金之後，就逐漸能用興趣來創造收入了。最後他們會賺到足夠的錢，於是可以減少真工作的時數，或者完全辭掉那份工作。

此外，你必須理解到，有些人刻意不讓自己的愛好成為收入的來源。有人寧願保有一份穩定的工作，好讓他們能夠輪替著從事不同的興趣，而不要把興趣變成事業。有人發現，熱情一旦變成了收入的來源，所得到的樂趣就不再純粹。我曾與一名陶藝家共事，他第一次來找我的時候很激動：「我絕對絕對不想在市場流行小豬的時候就必須雕刻小豬、流行小馬的時候又雕刻小馬。我不要老是擔心著：『今年藝廊想買什麼樣的作品？』」同理，我有些客戶的興趣是無法用來生財的活動，譬如打坐冥想或者陪伴小孩。假使你不能用你的焦點興趣來賺錢，你也不必認為你這項焦點興趣就比較不需認真看待，或者比較不值得你專注。

但有些人很希望這兩個圓圈能重疊，下一章就提供了策略，教你如何用愛好來賺錢。

6 用興趣賺錢

我做過一份無聊的工作，這工作使得我沒辦法去做我最感興趣的事。現在我的工作是為足球和棒球比賽規劃場中的娛樂活動，這樣一來，我對於音樂、娛樂和組織事物的喜好，就全部整合在一份專業工作裡了。

——吉娜，三十歲

別人假如擁有我的幾種能力，我知道他們會加以利用作為生財工具：自己開業當生涯規劃顧問。但我心知肚明我無法達成這個夢想。我就是沒辦法為了拓展業務而到處賣力宣傳自己。

——葛瑞芬，三十五歲

喜愛變化的人，每一次轉換事業都非得從頭開始不可嗎？答案是「不必」，理由很多。

有些人覺得，不斷應付一個接一個的新事業或新工作是很有意思的冒險。一個多面向發展的人，通常不會打定主意只投入一種事業。他們在找到一份安身立命的工作（如果他們真的能安定下來的話）之前，會以探索的精神來追求自己的種種愛好。舉例來說，李．克拉維茲（Lee Kravitz）到了三十三歲才擁有一份「真實的」工作；他從耶魯大學畢業後，就和幾個朋友合資買了一部休旅車，一起開車前往土耳其、伊朗、巴基斯坦、印度、尼泊爾和阿富汗等國旅行了兩年。他住過倫敦、巴黎，也在以色列的合作農場待過一段時間。然後他「口袋空空」回到出生地克里夫蘭。接下來幾年，他為一家雜誌社擔任自由撰稿和攝影師，晚上並兼差當酒保。「我從來不在一個軌道上追求一項事業。」他說：「我跟著自己內心走，出去探索世界，與別人分享所學。」後來他在知名的「學院出版社」（Scholastic）找到工作，把他的活力與經驗用來創辦一份青少年雜誌——這項資歷是不錯的歷練，為他鋪了路，現在他擔任全球發行量最大的雜誌《遊行》（*Parade*）的總編輯。克拉維茲這個雜誌總編輯，繼續學習新事物，也還是想對別人訴說故事，豐富別人的生活。

然而，許多人認為基層工作是枯燥沉悶的。你進入一個新領域，負責最基本的職責，領最基本的薪資。你以前的同事成為公司的股東、買了別墅，但你在為新老闆泡咖啡（這是你在收發了傳真之後的任務）。可是我們沒有理由認為你非得從企業食物鏈的最底端開始才能夠轉換跑道。就如同前一章討論過的，這份受薪的工作是一項選擇，是你在訓練自己投入新興趣的時候為你帶來收入的方式。等到你可以用焦點興趣賺取收入之後，你在職場的貢獻可能會超出你的想像。

接下來我要告訴你如何詮釋自己的能力，讓你自己和你日後的雇主看到你多采多姿的履歷表和你的潛力，然後進入「工作傘式事業開展法」這個主題。

有個方法可以讓你不必從基層開始重起爐灶，那就是自己開業，或者當自由接案工作者。許多人擁有足夠的知識可以製造商品或服務客戶，卻擔心自己無法應付為了獨立接案所需要的銷售及宣傳工作。本章將會呈現幾個例子，說明有些厭惡「自我推銷」的人還是能自創事業。

不必從基層往上爬也能找到工作

多面向發展的人才在追求新事業的過程中，會累積各式各樣的經驗，這些經驗是你的能力資本，在你日後又轉換事業的時候可以派上用場。

恩斯特．厄維特（Ernest Urvater）運用自己的能力資本，做了一次相當大膽的事業轉換。恩斯特一開始在一處國家級的實驗機構工作，研究基本粒子物理學。離開實驗室後，他在大學教了十年書。那麼他最近在做些什麼呢？他靠自己的資金製作各種主題的紀錄片，譬如海中塑膠廢棄物所造成的影響，以及教授鋼琴的說明影片。

恩斯特是不是從頭開始，先花錢去讀電影學校，然後循例到製作公司當實習助理呢？他的過程不完全是這樣。他教書那幾年，所任教的大學買下了一間電視攝影棚。

喜愛多項事物的恩斯特抗拒不了這個誘惑，便參與拍攝工作，為理科學生製作教學影片，因此有了影片製作的實作經驗。到了他決定轉換跑道的時候，他已經學會了剪輯影片、撰寫腳本，還懂得向政府申請贊助資金。他進入新領域的時候並不是懵懵懂懂的新人，而是具備了科學知識、教學方法和廣泛學術界人脈等等基礎。

瑞貝卡・莎薇克（Rebecca Southwick）一直想自營事業，不管是擔任心理治療師、另類療法專家、房屋改造專家或者作家都好。她去申請了一項重建老房子的社區改造工作，她的豐富經驗使她在所有應徵者當中脫穎而出：「我能獲得這份工作，是因為我做過木匠同時又有心理治療的背景。這項重建計畫問題叢生，需要一個能夠同時了解營造包商與屋主的人來與他們共事。他們很清楚，我在心理治療工作上發展出來的協商技巧對於這份工作是一大利多。」

類似例子還有希瑟・寇森（Heather Colson）。她接受過花卉培育、電工、按摩師和農場經營的訓練，不過她最後成為雕刻家。她只上過一堂藝術課，但現在她用藝術所賺得的收入，不但能養活自己，也足夠她維持她所擁有的一座美麗農場。她覺得自己以前當按摩師的經驗也是某種形式的藝術教育：「我常常很認真想著某一塊骨頭是如何運作，譬如踝關節，或者我想著某塊骨頭如何與其他骨頭連動，但怎麼想都不對。可是如果我不是用想的，而是交給雙手去做，就都會做對。」她轉換事業時是否從頭開始呢？並非如此。

有時候，經驗比你想像的更管用。茱莉終於下定決心，要做一件她想了很久的事：她已經做熟了銀行業務，接下來她想從事募集公益基金的工作。她的目標明確，但她覺得自己缺乏相關經驗，因而裹足不前。她是單親媽媽，有個稚齡女兒要養，她沒辦法從基層職位做起，也沒辦法去大學進修非營利組織的MBA課程。

我不要茱莉被這些阻礙絆住。我叫她想像自己是一個非營利組織的負責人，正需要雇用一名負責募款的員工，她會希望這名新員工擁有哪些特質？

「接觸陌生人的經驗。」她馬上回答。我對於她的迅速與自信頗感驚訝。原來茱莉在大學時代曾經兼差當過電話行銷人員，而她確實喜歡這份工作。因此她其實擁有兩項資產：與陌生人接觸的經驗，以及她可以熱愛一樁多數人——甚至是多數的募款人——都不喜歡的差事。

茱莉回憶起她女兒就讀的小學有一回在賣餐券，她在那天早上得知還有將近二十張票尚未賣出，於是她問校方能不能讓她試一試。學校祕書抱怨說：「餐券委員會的家長兩個星期裡才賣掉十張票。現在才要賣已經太晚啦。」不過茱莉仍取得祕書的同意，拿到了那些餐券，而且還不到午餐時間便銷售一空。這又是一項傲人的成就。我建議她想辦法去取得女兒學校和電話行銷公司的推薦函，並善加運用她這兩項經驗。

我還和她討論到，非營利組織將會欣賞她在目前任職的銀行所培養出的工作技能。她有財務概念、有責任感、衣著得體，而且很懂得如何與那些把荷包看得很緊的人攀談。

茱莉找我諮詢過一次之後，對她自己所擁有的技能組合有了全新看法。她現有的工作與她夢想的工作之間的距離大大縮小了。她不會一夕就變成專業的公益募款人，但她帶著自信，一步一步接近目標。

再來看瑪莉安的例子。她來自加州南部，年輕而活潑，穿著打扮一如時尚模特兒，跳起舞來頗具專業水準。然而她來找我的時候，覺得很無聊。她不是對於個人生活感到無聊，她才剛與伴侶買下一間很棒的新房子，前次到峇里島旅遊所拍攝的照片還沒整理，而且她交遊廣闊，她說：「我可能一整天都在MSN上面講話。」

然而工作就是另一回事了。「我每次失業，就會無意間遇到其他工作機會。我在某個聚會上遇到朋友的朋友，對方聽說我正在找工作，就告訴我某地方缺人。我因為很喜歡嘗試新經驗，就說『好呀』，然後做一陣子。接著要不是我自己做膩了，就是公司被併購，或者我被解雇，總之諸如此類的事。然後我又會遇到某人，再到某地方工作……可是新鮮感消失之後，我就再也無法對工作起勁，而且我掩飾不了我漠不關心的態度。」

我從她的最後一句話出發，要她思考哪些興趣能抓住她的注意力，不是要「永遠」抓住，而是她做哪些事情的時候，最初的新鮮感消失後她還能做一陣子。她想了想說：「動物和旅行。」然後她嘰嘰喳喳告訴我，有些人崇尚健康食物，卻不注意他們拿什麼來餵自己的寵物，而其他那些注意寵物營養的人必須開車去大老遠的地方找健康寵物食品。「這簡直是罪過！」瑪莉安說：「寵物健康食品和人類健康食品一樣重要！」

我問她：「妳認為該怎麼做，可以讓別人很容易就買到寵物健康食品？」腦力激盪一番後，瑪莉安做出結論：「需要有人生產、有人說服商家進貨，還要有夠多的人想要購買，才能讓商家持續訂貨。」

瑪莉安為自己想出絕佳的熱情焦點組合。她為了賺錢（畢竟還得付房屋貸款），將會去健康寵物食品製造公司當業務員，把公司的產品賣到全加州的零售通路。瑪莉安指出：「這一方面可以稍微滿足我的旅行欲望，又不至於離家太久。」同時，她要運用自己的熱忱與活潑個性，向寵物飼主宣揚健康寵物食品的重要性。她說：「我可以參加談話性節目，可以在寵物店設宣傳攤位，還可以為報紙寫文章和專欄！」這件事被她當作興趣，覺得它未來可能會成為可以帶來收入的演講工作或顧問事業。

瑪莉安打算如何落實想法？我請她列出清單，寫下她自從畢業以來「無意間」做過的所有工作。她說得沒錯：她做過的職務像是大雜燴，沒有任何一項與動物或旅行有關。她曾經擔任總機接待員、為保險公司撰寫文件、為電話公司訓練客服人員、有將近一年的時間在大專院校的體育科系推銷運動衫、帽子及其他配件。她可以在自己的工作組合中強調她的說服力與銷售經驗，而且她在面試時顯然會表現搶眼。同樣的，經過一番研究後，她可以有效運用自己的寫作技巧和創新活力，來讓寵物飼主們得知營養食物對動物的價值。

幾個月前我收到瑪莉安寄來的明信片：「你相信嗎？我靠著銷售有機狗食和貓食賺進美金五位數的高收入，而且還有人花錢讓我去夏威夷開會！我在這裡舉辦的犬類繁殖業者研討會上做演講，探討與大型犬類的營養需求有關的最新研究。有人問我，能不能在會議結束後為一家全國性出版刊物撰寫這次研討會的內容！這下我可不會無聊了……」

如果你看不出該如何把自己在某個領域的技巧、能力和個性特質轉介到另一個領域發揮，不妨試試下頁這個練習。你也可以寫在自己的筆記本上。

看著你做過的每一項職務，思考每一份工作所包含的相關能力、技巧或人格特質，不管你在擔任那份工作的時候是不是認為需要用到這些條件。然後，回到「技巧」、「能力」、「個性特質」這三欄，看著你寫下的理想員工條件，在每一個你認為自己符合的條件旁邊打一個星號。然後，為自己寫一份履歷表，根據你打了星號的能力、技巧和個性特質來寫。可能的話，設法找幾個看過你展現這些理想員工條件的人，請他們為你寫推薦函，強調你的工作表現凸顯了上述條件。

如果你欠缺幾項重要能力或其他特質，可以考慮去找一份真工作，或者兼職義工，或去當學徒或實習生（關於這方面的詳細探討，請見第七章），好讓你加強你尚

如何把你的技能轉移到新職位

你在新的愛好領域裡，想取得什麼樣的職位？請加以描述：

____

____

假設你要負責為你想要的這份職位雇用新員工，你理想中，這位員工應該擁有哪些能力、技巧和個性特質？請把條件寫下來。（如果你不知道該怎麼寫，請做一點研究功課，再回來進行這項練習。）

技巧

____

____

能力

____

____

個性特質

____

____

現在，請列出你工作過的職務，包括受薪工作與義務工作。

____

____

____

未嫻熟的領域。

在未來雇主面前展現自己

老闆不關心你是一個多面向發展的人或者你是某方面的專家，他們只想知道你能不能達成任務。由於初步過濾履歷表的人和老闆都很忙，所以你必須在履歷表上和面試的時候都清楚展現你的相關技能。接下來要告訴各位的幾個訣竅，感謝史密斯學院職業發展中心的副主任珍．桑默（Jane Sommer），以及伯納學院職業發展中心主任珍．瑟文（Jane Celwyn）兩位提供寶貴建議。

一、**你要了解族群習性**。桑默主任指出，一個擁有多方面興趣的人必須知道，每一種工作都有它自己的次文化，也都有一群人生活在這個次文化之下。她說：「如果你想從外界加入，就得學習這些族群的打扮與說話方式。」若想取得這方面的知識，可別直接把履歷寄出去。你應該先找這個族群裡的人談一談。不妨問他們：「我要怎麼做才能像你一樣成功？你的工作領域會遇到哪些挑戰？」他們的回答，會透露許多他們這一行業裡的普遍價值觀，以及這份工作需要哪些技巧。聆聽他們的用語，記下他們的行話。他們是說「客人」還是「客戶」？他們談的是「核心競爭力」還是「基本執行力」？桑默說：「把這些用語拿來對照你對自己的認識，如果兩者相合，那麼你就採用他們的用語。」

二、你要使用那個族群的語言來寫你的履歷。你找了幾個該族群的人談過了，認定自己想加入他們，接下來你就要把你從他們身上學到的東西運用在履歷上。桑默主任舉了一個例子。有個人曾經從事藝術品行銷，後來想轉任律師助理，她寄了一份履歷表到位於北京的律師事務所。她符合該職務的許多條件，但是桑默說：「她把履歷表寫得像是在應徵市場行銷職位：強勢、銳利、使用行銷術語、連珠砲、再三提到她在『顧客』方面相當在行。但她必須想一想法律界的文化與從業者是哪一種族群，而且她應該用『委託人』這字眼，減少強勢行銷的味道。她必須更注意她說話的語氣與用詞才行。」

三、履歷表上不要只提到工作技能。以工作技能為主的履歷表形式，是根據不同的技能項目，把過去的經歷分門別類，而不是按照由過去到現在的順序列出工作經驗。這類型的技能履歷表近年頗為流行，而多面向發展的人經常採用這種履歷表寫作法，用來掩飾自己不尋常的工作經歷。但瑟文副主任說這正是問題所在：「工作技能式履歷表會被扔到垃圾桶。雇主會認為這只是在掩飾缺點。」所以你應該只在履歷表的第一頁簡單描述你的相關技能，以此引導雇主如何來看待你這個人。

四、找出公分母。在你的背景和你想要的工作之間，找到一個公分母。你要在履歷中直接表明，你擁有未來他們需要的技能。桑默建議在履歷中這樣寫：「我擔任過多種職位，其中的共通點是某某。」別指望那些忙得不可開交的主管會有閒情逸致在你的履歷表裡挖寶，你就自己把這個寶指出來吧。

五、不必辯解。最好不要讓人家覺得你在為自己辯解，為你想轉換事業的渴望找理由。小心使用「雖然我目前是律師，但是我……」或「儘管我從事過數種領域，但是我……」這類句子。

六、把這份職務沒有明白要求的技能也提出來。當然，你在面試的時候會想先強調最有關係的經歷。但瑟文指出，你既然是一個多面向發展人才，可能也具備其他日後或許用得上的技能。你能不能說外語？會不會操作影音設備或繪圖軟體？你是否在旅行或留學時了解了其他國家的文化？你是否展現出團隊合作的能力，或者曾在運動團隊表現出領導力？這些特質也許不會明列在這份職務所需要的技能清單上，但你可以把你這些技能列在履歷表上，並在面試的適當時刻提起。說不定某項特質就可以讓你在競爭中顯得突出。

七、要有心理準備，面試人員是比你年輕的人。如果你已經超過三十歲，你可能會發現這位面試你的人年紀比你小，尤其是假如你面試的公司屬於對年輕人有吸引力的科技或創意產業。桑默指出，雇主可能會在心裡納悶：這個人會聽我的指揮嗎？她要她的客戶在面對主管的疑慮時明白指出來：「如果我是你，我可能會擔心，像我這種年紀的人會不會樂於接受指揮。不過請你放心，我相當尊重你的專業，也期望能夠在這個領域一方面學習，一方面做出貢獻。」雇主可能也想知道你有沒有足夠的電腦操作能力。如果你的職位要求員工必須熟悉某個專業程式，那麼就去把它學會，然後把這項能力列在履歷上。

選擇一：找一把工作傘

對於希望在一份工作裡包含自己多種興趣的人來說，「工作傘」是一個可以遮陽擋風的庇護所。你可能還記得本書前面說到的，用一把傘來包含多種活動；而這種興趣之傘在別人眼中看來，仍只是一份傳統的工作或愛好。專業特性個個不同，工作傘也就各式各樣，可以含括新聞業、企業管理、教學、訴訟、諮詢、投資創業甚至企劃等種種行業。有些工作傘可以終生適用，有些則否。由於工作傘可以配合多種同時發生的興趣，又能提供一個「正當的」的工作頭銜，實在值得你好好探索，找出一把能夠顧及你目前幾項焦點興趣的傘。

當然，幾乎每一種工作都牽涉到幾項任務。高速公路收費員要處理多項職責：找零錢、與上司和平相處、記錄工作日誌，並為迷路的駕駛指點方向。然而工作傘不只包含職務，也提供機會讓你實踐你熱愛的事。除非找零錢和為人指路也是你的興趣，否則高速公路收費就不能算是適合你的工作。

這並不表示，工作傘之下絕對不會包含無趣的任務，或者絕對不會出現不愉快的時刻。舉例來說，新聞業可以滿足你對寫作、旅行的興趣，還能與有意思的人物交談，但新聞業也涉及了你可能覺得沒意思的工作，譬如到處找合適的採訪對象、在機場接受安全檢查，公司還要求詳細填寫工作日誌。你可能熱愛「新聞」這把工作傘，但你不喜歡每一次要出門趕赴你覺得興奮的新任務之前，得先找人來幫你照顧寵物。

如果家人或伴侶擔憂你的未來，那麼等你找到了一把工作傘，有了一個他們聽過的「工作頭銜」，他們說不定就能鬆一口氣，覺得你總算找到一份能夠「永遠」持續下去的事業，然後熱烈支持你。不過還是要小心：如果家人或伴侶以為你因此就能開開心心往上攀爬，然後名利雙收，那麼將來你厭倦了這個工作傘，想要轉換跑道的時候，他們對你會更加嚴厲。請你不要用工作傘來避開溝通，不與你關心的人誠實談論你內在對於多面向發展的熱情。

第一類工作傘

工作傘可以分成兩種主要類型。第一類型，包含了一項會重複進行程序的活動，或者一套可以運用在多種地方的技能。

例一：書籍編輯

我敬重的編輯克莉絲・普波羅（Kris Puopolo）在編輯每一本書的時候，都遵照同一套基本流程。她先閱讀初稿或者投稿提案，然後洽談版權事宜、與作者討論、針對素材做取捨，再與美術編輯、行銷宣傳部門合作，想書名、設計封面，研擬行銷計畫。這一連串步驟自有一套邏輯，所以她通常每一次都依照相同順序來進行。然而克莉絲談起自己的事業時，她顯然擁有一把寬廣而多彩的工作傘：

「我喜歡編輯不同種類的書，這些書讓我有機會接觸新的概念。譬如我最近負責一本談工藝品的書。我本來不是工藝品迷，可是我在處理原稿時，學會了欣賞工藝創造背後的理念，那是與消費無關的觀念，而是與創造有關。你可以說我是在文字世界裡欣賞工藝藝術，而不是從實際作品來認識工藝。另外有一次，我在編輯有關瑜伽和憂鬱症的書。一開始，我是因為對心理學有興趣而認同那本書，我其實對瑜伽所知甚少。不過公司付了我薪水，要我認真看稿，現在我開始練習瑜伽，而且還說服我媽也一起嘗試。因此，沒錯，我用類似的流程經手每一本書，可是我喜歡像這樣藉由編輯工作而從一件事跳進另一件事裡。」

例二：拍紀錄片

我訪問肯．伯恩斯（Ken Burns）時，描述了這種工作傘式的熱情聚焦法，這位得過獎項的紀錄片製作人一聽就說：「你找對人了！我想拍紀錄片，是因為我想用這份工作來讓我生活的其他部分一起得到收穫。」他接著羅列出那些「其他部分」是什

一個作家的工作

一把工作傘不見得能保護你永遠不受外界批評。派翠西亞・賀蘭（Patricia Horan）對此有親身體會。身為作家，她自然對「你是做什麼的」這個問題提得出清楚而「可接受」的答案。她可以簡單回答：「我是作家。」或者回答：「是的，我還在寫作。」沒有人對她投以擔心的眼神，也沒有人會說要幫她找一份「真正的」工作。

但我們看一看派翠西亞在她的工作傘下所囊括的興趣項目：她針對女性讀者寫了一本關於居家修繕的書；她曾經得獎的詩作將被改編成戲劇；寫一本童書；為一份專業勞工期刊撰文；為百老匯知名演員寫劇本。她與我首次會面時，正在寫有關時間管理和風水的書。

她的工作確實很容易讓人一聽就知道工作內容，但別人常說她為什麼不鎖定一種文類好好兒寫。有時候她不會把自己做的事情一五一十告訴別人。她說：「如果要我照實說，我可能就得在身上背個看板才行！」

最後，派翠西亞對於別人的意見已經不放在心上了。「真可惜，我其實很能聽取別人的批評。」她若有所思：「可是，假如我正在寫的東西不再吸引我了，我就會有強烈衝動想往前進。這種衝動是少數幾件我不會自責的事。假如我不往前進，我沒辦法應付我必須停在原處的無聊難耐。」

麼：寫作、經營小型公司、與別人合作、編輯素材。這還不是全部。這把傘也包含了他的優良體能（「你得保持健康，才能每天工作十五個鐘頭」）、剪輯技巧（「我得剪掉一點『珍貴畫面』」）、對於非線性思考的熱愛，以及細膩掌握音樂、音效和文字的能力。「當然，我也有點像是在傳福音，因為對我來說，我做的事很重要的地方在於，我要與別人分享我在影片背後所看到的意義。」不過伯恩斯同意，儘管紀錄片的創作有多種可能性，但對有些人來說，拍攝紀錄片也可能變得公式化，因此他特意設法讓工作保持新鮮：「我很喜歡找年輕人來一起拍片。他們還沒學到『正確的』做事方法，所以能帶來讓人耳目一新的創意。他們犯的錯會變成我們的挑戰和學習……製作過程中的每一步都讓人覺得既熟悉又充滿新鮮感。」

例三：教書

另一種工作傘是教學工作。教學通常有一個過程：傳達資訊並教導、指定作業給學生、維持紀律、鼓勵學習熱忱與好奇心；但是教學工作每年都得面對一批新的臉孔與個性。小學老師不只教一門科目，而是五門以上的課，語文、數學、寫作、自然科學和社會，因此可以多方施展教學技巧，從中大大得到樂趣。小學老師的熱忱在於「教學」這件事，而不見得是教授特定的東西，譬如三年級數學或拼音課。對於一個多面向發展的人才來說，他的快樂來自於他可以同時教導多種科目，而且又要挑戰自已把每一科都教得好。

例四：寫作

寫作也是一種可以讓人覺得充實的工作傘。以普立茲獎作家崔西・季德（Tracy Kidder）為例，他所寫的非小說類書籍彷彿都遵循某種模式：他在某處變成了牆上的一隻蒼蠅，別人視之如無物，然後他描述這隻蒼蠅學到了什麼事物。然而他所停留的牆面場景會有變化：一家步調快速的電腦公司，如《打造天鷹》（*The Soul of a New Machine*）；一所貧民區的學校，如《學童紀事》（*Among Schoolchildren*）；一個城鎮的發展過程，如《鄉園》（*Home Town*）；一家老人安養中心，如《老朋友》（*Old Friends*）；搭建一棟房屋的建築過程，如《房屋》（*House*）；一所位於海地的鄉下診所，如《愛無國界：法默醫師的傳奇故事》（*Mountains Beyond Mcuntains*）。他的日常生活經驗、所遇到的人物、所需要了解的事物，都隨著每本書的主題而陸變。

季德在接受我訪問的時候說：「能夠靠著滿足自己的好奇心來賺到錢，實在太棒了。」「寫了《打造天鷹》後，我大可多寫幾本談電腦世代的書來賺錢過好日子。但是我不要那樣做。其實，光想到要一直撰寫與電腦有關的書，我就覺得害怕！」

第二類工作傘

第二種工作傘的形式是：追求單一興趣，但在追求的過程裡要身兼數職。以羅伯為例，他任職於全美首屈一指的生活歷史博物館「科納草原」（Conner Prairie）。多年來，羅伯對於如何呈現鄉村及農場生活的博物館深感興趣。他進入了科納草原博物館工作，負責研究一八八六年的印第安納州農家豢養哪些動物，並加以呈現出來。為了找出那些動物，他得做學術研究；他還得協助復原一座舊穀倉的外觀與結構；他參加了品酒活動，針對可能的捐款對象展示他的研究計畫；他想辦法追蹤那些現在還在培育罕見品種的豬隻、綿羊和雞的飼主；他甚至得租拖車去運載一頭乳牛。對於他的工作，羅伯說：「我會選這份工作，是因為它多采多姿，而且永遠在改變。」

再以我女兒羅莉為例，她曾經在一個波多黎各人聚居的城市工作，為慈善組織「少女團」（Girls Inc.）帶領一個青少年領袖人才培育計畫。這些少女們透過這個組織接觸到輔導、健康課題研習、戶外活動訓練等等，從中磨練自己的領導技巧。羅莉面對這份工作，會說自己是一個為青少年服務的工作者，因為她對於激勵青少年很有熱情，喜歡與他們共事，讓他們更能掌握自己生活裡的種種變數。羅莉的方式，不像一個書籍編輯面對不同種類的書籍時也會採用相同的編輯技巧，她卻是為了達到協助青少年的這個大目標，運用了各式各樣的技巧。

羅莉可能每一天都在撰寫經費補助案、和一群女孩子進行繩索訓練、粉刷青少年中心的牆面、訓練其他工作人員，甚至向少女和她們的母親學做波多黎各的菜餚，把這個當作研究計畫的一環。羅莉有一個叫得出來的職務頭銜，而且薪水固定，可是她的工作裡也就只有這兩項是「固定」的了。

同理，假如有一個人目前的主要興趣在於按摩，進了某家spa工作，由於老闆認為她很適合，要她為一個又一個的客人提供按摩服務，久了她便覺得工作無趣。可是，如果她自己開一家按摩店，聘雇工作人員，為了創業所做的這些事，也許可以讓她對這份工作的熱情維持得更長久一點。

選擇二：二合一

「二合一」方法特別能吸引那些介於兩端之間的人，他們既不像富蘭克林那樣不斷改變興趣，也不像莫札特專心只做一件事。二合一方式的精髓，是把兩份事業（或者兩份沒有收入的興趣）結合為一個生命方式。二合一的事業有很多可能性，譬如銀行行員兼記者、具有母職的家庭主婦兼社會運動人士、音樂家兼瑜伽老師。

二合一方式的好處在於，很容易取得別人的了解。如果你發現，只要有兩份事業就能完全滿足你的好奇心，這就太棒了。如果你只是為了下半輩子不再惹人批評而選擇二合一生涯，這恐怕不是個好主意。大部分的多面向發展人才不會滿足於只擁有兩份事業，而且這還是會引來各種意見與批評——但，我說過了，與其壓抑隱藏自己的

你和你的工作傘

以下列出二十種工作，請你選出四種最吸引你的項目，再看一看，在每種工作傘之下，能放進多少你的焦點興趣項目。為了幫你挑選，我在每種工作傘後面列出相關愛好與技能，但你當然也可以設想其他的特點。

1. 運動部門經理（公共關係、募款、人員管理、運動）
2. 書籍編輯或書評者（把同一套編輯流程運用在各種主題與企劃上）
3. 營隊主任（活動企劃、兒童心理學、戶外技能、土地與建築維護）
4. 商會會長（社區發展史、小企業推廣、拓展關係、募款）
5. 社區運動人士（激勵演說、政治、協商、募款）
6. 外貿官員（外交、協商、通常要跨文化進行的經濟或外交政策發展）
7. 歷史建築改建專家（需要具備建築的實作知識、歷史學、建造能力或外包能力、溝通）
8. 進出口貿易公司老闆（向各國採購商品的能力、把商品銷售給各種客層的技

巧）

9. 小旅館的老闆（待客技巧、園藝、室內裝飾、烹飪）
10. 市長或鎮長（策略規劃、政治、擬定預算、公開演說）
11. 神職人員（神學、能激勵人心的演說技巧、社會工作、建築維護）
12. 戶外教學訓練的領隊（戶外技能、企劃能力、心理學、與青年學子共事）
13. 私人助理（組織、心理學、旅行事宜的規劃）
14. 宗教靜修中心的經理（募款、擬定預算、組織能力、接待能力）
15. 餐館老闆（烹飪、人員管理、擬定預算、室內裝飾）
16. 脫口秀主持人（針對各種來賓發揮訪談能力、研究各種人事物主題）
17. 小學老師，或是題目涉及廣大範疇的老師（把一套流程運用在各種主題及學生身上）
18. 旅遊行程企劃（把一套涉及組織、研究和人的技巧，發揮在各種國家及族群身上）
19. 作家（在各種主題上發揮一套技巧）
20. 動物園園長（動物學、人員管理、募款、策略規劃）

特質，不如堂堂正正展現你的本質。

如果把兩份事業結合在一起算是一把工作傘，這就很值得採用。我有個客戶佛羅倫絲，她經營一家網頁設計公司，日子過得有聲有色，因為她任何一天都可以選擇各種活動來做。她也相當熱中於在自家公寓後方的一小塊地從事園藝。「我已經不只把它當嗜好了，」她一臉歡欣地告訴我：「我的花園入選為好幾條花園之旅路線的景點，而且我贏得了幾項新英格蘭的花藝大獎。」

我問她：「如果經濟情況許可，你會不會想放棄公司，撥出更多時間從事園藝？」佛羅倫絲看起來頗吃驚，馬上回答：「我不會放棄公司。我就算贏了樂透彩也不放棄。」她顯然很享受自己選擇的兩條主要道路。我又問她有沒有參與其他活動，例如演奏樂器或攝影，她的回答道盡一切：「我怎麼會想做那些事呢？不會的，至少今年不會。」一個工作，外加一項熱情焦點，目前就是這兩項：佛羅倫絲恰恰是個二合一的人才。

另外一種二合一法，則是把一份固定的事業和一個定期改變的事業結合起來。最常採用這種方式的人，所擁有的興趣往往是份需要經常練習才能得到滿足的事物。譬如，把某種外國語言學到專精程度、為了維持某項海灘運動而需要幾種身體技能、隨時跟上最新舞步、追求某種音樂表現形式。我的客戶法蘭克從六歲開始學拉小提琴，到現在他五十歲了，拉小提琴的歷史頗久了——聽起來，他是莫札特那一型的人嗎？

法蘭克特別擅長為銀髮族表演流行老歌，附近多家退休安養中心排隊等著聘請他去演出——快說他哪裡像個多面向發展的人才了？且看法蘭克「另外」的愛好；他在這方面的轉變速度太快，他大部分的朋友都難以理解。法蘭克曾經是生物學家，他當過牧師，曾在養生餐廳當廚師，也在某教會擔任過職員；他演唱古典樂曲，當過指壓按摩治療師，參加和平工作團（Peace Corps）當志工；他的旅行足跡遍布全球；他能彈鋼琴，並且鼓吹「公平交易咖啡」的觀念。拉小提琴是法蘭克五十年來唯一一件持續從事的活動。他的人生當然稱得上是二合一的發展。

選擇三：自由工作

有些人說什麼都沒辦法在公司體制內發展，特別是那些喜歡在工作之餘同時應付多種挑戰的人。這種人通常在選擇了自由工作的方式之後會比較有活力，譬如自由撰稿、顧問，或者自行創業。為什麼？因為自營事業是最理想的身兼多職的方法。

自由工作者可以隨自己高興，畫出或寬或窄的工作專精範圍。自由工作者需要背負不少責任，但這些責任正好很適合喜歡冒險的人。除了提供產品或服務之外，自由工作者經常（但不是絕對必要）是自己的公關，為自己招攬新的任務。他們可以培養自己的創造力、學習建立網站、花心思設想自己的事業該取什麼好名稱。他們也可以拓展自己在營運與財務領域的專業能力、學習如何管錢（或至少找到一名稱職的會計）和處理稅務。許多具備多重熱情的人，說到經營公司就像是通了電一樣精力充沛；若能從一個案子轉往另一個案子（就像出色的外聘企業顧問），或者思考著一件專案的各種層面（像一個出色的創業家），這時他們會快樂得像是身在天堂。這就是他們成功的方式。由於他們在這方面有精力，因此較有可能創造出優異的產品與服務。這些人打從內心發出光芒，從而繼續吸引客戶與賺錢機會。

你說你討厭向別人推銷自己！

從這句話可以討論到一個令許多人卻步的假設：一個多面向發展的人，必須把自己變成像是一個銷售二手車的業務員，才有辦法賺到錢。正是這個假設使我經常看到工作坊學員受挫的表情。學員們說：「我知道自己善於經營事業，因為我的確喜歡做各式各樣的事，但我知道它絕對不會成功。」我請他們解釋理由，而我一再聽到同樣的答案：「我實在很不會推銷自己！我就是沒辦法拿著傳單走出去自吹自擂。」

有些人一開始還可控制自己在這方面的恐懼，直到我們談論到撰寫新聞稿、要去對本地團體強調自己所提供的服務，或者需要接觸社區報紙爭取免費宣傳的時候，他們開始恐慌：「我做不到！」他們半是生氣、半是求我諒解：「我就是沒辦法像那樣談論自己！那簡直像吹牛。」

所以，你就只好束手無策、放棄夢想嗎？還是說你應該堅持下去，變成一個你自己也討厭的強勢推銷員？幸好以上兩者皆非。雖然說人類心裡深藏著對於改變及風險的恐懼，但上述的恐懼基本上是出於錯誤的假設，以為若要實踐夢想就得走出去大談自己，讓別人感到厭煩。錯了！如果你的特質引領你成為某種自由工作者，你當然得讓世人知道你的天分所在。但我不談強迫推銷，而是說你有必要讓別人知道，你擁有的某項重要天分是他們需要的東西。

我曾經與住在加州的蘿博塔共事，她的熱情之一是成為一個可以助人克服恐懼症的心理醫師。蘿博塔曾經罹患閱讀困難症，因此她花了好幾年時間才達成夢想。她完成所有學業，並通過高難度的資格考。蘿博塔帶著自豪與為數不少的資金，租了一間辦公室、訂購文具、裝設專線電話，準備大展身手。她把名片寄給那些能幫她介紹客戶的人，也在社區報紙刊登小廣告，並發送電子郵件通知朋友們，她終於「正式」開工了。

後來呢？她的進展相當有限。蘿博塔找了同業商量，他們說她必須出去推銷自己。她得讓報紙報導她、該去醫療協會演講……種種建議，蘿博塔都聽不下去，一臉茫然。多年的辛勤努力告吹，害她癱在辦公室裡。

幸好她找到了我，使得這個故事有了快樂結局。這是因為我是魔術師，把客戶變出來給她嗎？當然不是。我只是告訴她一個故事。我要她想像舊金山地區有個年輕女子，住在金門大橋北端一帶，剛生下一個病得很重的寶寶。這個小寶寶的外婆也住在舊金山，在金門大橋的南端。外婆很想幫女兒照顧生病的寶寶，但是她有過橋恐懼症，不敢走過金門大橋。所以這位年輕媽媽假如想得到幫助，她就得把寶寶穿戴好，大老遠進城一趟。這都是因為沒有人告訴那位外婆，用很簡單的方法就可以治療恐懼症，只要一兩次療程就行！

接下來我問蘿博塔，願不願意把克服恐懼症的方法送到外婆的醫師手上，送到外婆早上閱讀的報紙報社裡？她立即回應：「當然願意！」蘿博塔領悟到，所謂的關於她事業的報導，焦點不在她，而在於她的能力（她會用催眠方式治癒恐懼症）。我們不要那種「請大家看我多厲害」這類文章或演說，我們要的是把重大訊息傳遞出去。慷慨，是人人都樂意接受的品行；這跟說大話或自吹自擂沾不上邊。

不必推銷自己也能成功

如果你想創業，卻對於強勢推銷感到不舒服，以下提供幾個不必強勢也能成功的點子：

一、分發試用券。我剛開始展開顧問事業的時候，不希望讓客戶覺得我把他們當成做實驗的白老鼠。但是我又需要先讓別人知道我能幫助他們解決問題，好讓他們把口碑傳出去。於是我印製了試用券，發送給我認識的人，請他們把試用券轉傳給任何需要生涯規劃輔導的人。我找的是那些知道誰會有需求的人：一名針灸師、一名髮型師和一名報紙專欄作家。他們把我的試用券當禮物送出去，收到的人以為他們的朋友已經付了顧問諮詢費。他們走進我工作室的時候，可以只管我提供了什麼服務，而不必為了當我的第一批客戶而在心裡嘀咕。

二、建立自己的全國性組織。奇蒂・艾賽爾森－貝瑞（Kitty Axelson-Berry）剛開始以自由作家的身分為企業經理人撰寫回憶錄的時候，必須先讓自己在這塊領域露臉，建立名號。於是她成立了「全美回憶錄作家協會」，舉辦會議讓報紙加以報導，為她帶來免費的宣傳。新客戶來找她時，她的協會會長頭銜讓客戶覺得比較安心。

三、提供禮物。刊登廣告的開銷不低，而效果難以預料。宣傳公司名號，會引起某些不喜歡「自我宣傳」的人反感。藝術家瓊恩・賽克維奇（Joan Setkeritch）擅長描繪房屋與風景，她聽說有個歷史學會為了募款，打算製作一幅大型拼貼棉布被，於是自告奮勇表示願意描繪歷史學會所在建築的圖像，放在拼布中央。而後，每當歷史學會在報紙上登載有關拼貼棉布被的新聞，就會提到瓊恩的獻禮，為她帶來宣傳。

四、結合你的興趣，讓你有別於他人。我住的城裡有幾位按摩師在競爭生意，其中有位雪若・蘇瑪（Cheryl Summa）相當積極進取，而她同時也對夏威夷、園藝和物理治療充滿興趣。她讓自己的「夏威夷靈魂中心」有別於同業，提供了夏威夷式按摩、熱石療法，以及充滿蘭花香與鳥鳴聲的顧客休息室。夏威夷主題吸引了許多喜愛按摩而且想造訪夏威夷的人，這在漫長而嚴寒的麻州冬季尤其具有吸引力。

五、建立多處駐點。我開始營業的時候，希望大家了解我是個認真又有能力的專業人士。因此我在鄰近三個鎮上分別設立辦公室。我當然有自己的辦公室，但我也向兩個朋友借了辦公室供我晚間使用。我在名片與廣告上寫著：「辦公室分別位於安赫斯特、柏赤鎮與北安普頓。」現在呢，我忙得無法親自拜訪客戶，他們得自己來找我！

天賦大於自我

常有學員嚷著：「你這些做法，對於提供治療、或者推銷厲害新科技、或是那些有明顯天賦的人確實很理想，可是像我們這種只是想為自己做些事的人該怎麼辦呢？我想離開心理學領域去搞小劇場……」

不管我們究竟提供了什麼，重要的是，是不是有某些大於自身的事物在激勵著我們。它可以是一種觀念，例如世界和平；也可以是某個我們能幫上忙的族群或團體：嫣居婦女、移民同胞、家長、劇場觀眾、客戶、愛樂人士、病患、讀者、患有恐懼症的外婆。不管是出於哪一種動機，我們都有天賦可與人分享；我們不是往自己臉上貼金，也不是嘴角冒著泡沫在兜售神奇玩意兒。想到了我們的天分，就能為我們帶來往前進的能量，讓我們從事那些——也許被我們說成是「販賣」或「行銷」的事——極可能大於我們自身的事物。了解到自己的熱情可能對別人有正面影響，便可獲得源源不絕的能量。

再看一次莫札特的例子，但這次要看不一樣的主題。莫札特生活在一七五六至一七九一年間，這時期的歐洲，還是個多數人從事農耕的社會。貴族只佔人口的百分之二，但擁有一五至四〇％（視國家而定）的歐陸重要資源：土地。對於大部分人口來說，飢餓是日常生活的常態。莫札特有沒有賑濟飢民？有沒有發起運動要求社會改革？當然沒有。那麼他做了什麼呢？他受聘為貴族寫小步舞曲，讓貴族們在跳舞的時候得到最佳伴奏。然而，正因為莫札特願意與人分享他的天賦，所以直到今日仍有無數的社會工作者、急救室工作人員、教師、個人看護和其他工作壓力大的人，能夠在上下班途中聆聽他創作的旋律，得到放鬆。兩百五十年來，莫札特的天賦幫助了別人持續為世界貢獻他們的天賦！

如果你容許自己追求你心靈的方向，別人也會因此得到他們靈魂所需的事物。這不表示要「燃燒自己、照亮別人」。我們在人間盛宴裡各自擁有一席之地，沒有「不是你死就是我活」這種問題。你不必再害怕什麼自吹自擂這回事了，就把你的正面能量投注到人類共享共榮的樂團之中吧。

找人幫你推銷你的夢想

「我對莫札特所知不多，但我知道，如果他活在現代，他就得出門去叫賣，為他自己爭取到『分享自己天賦』的機會。」有個來上我課的學員曾經這樣挑戰我，他說：「但我不是外向的人。我是典型的害羞鬼，做不出那種事！」他說的可能沒錯，就算你受到了激勵，願意與世人分享你的天賦，但你可能還是沒有那膽子和方法走出去。可是，誰說你必須自己做宣傳呢？芭芭拉．瑞荷博士（Barbara Reinhold）著有《越自由越成功》（*Free to Succeed: Designing Your Life in the New Free Agent Economy*）一書，告訴讀者如何利用自己的愛好，從事自由工作，不用朝九晚五上班。她在書中一再強調找一個夥伴的好處；這個夥伴的能力可以與你互補，做到你所不能做的事，為你達成夢想。有人需要可提供資金的合夥人，有人則需要能留意細節、又有組織能力的行政助手。一個害羞的多面向發展人才，則應該考慮找那些了解你天賦的人，能夠「站出來」宣揚自己所相信的事物；這個人可以用義務方式或者支薪方式與你搭配。

如果你真的非常內向，需要那種能把話說得「口沫橫飛」的夥伴，我會鼓勵你用一種比較不那麼可怕的方式開始：在你的PDA、電子郵件聯絡名單、甚至賀卡清單中仔細找，注意誰是性格外向、而且對於成為注目焦點安之若素的人，先不管這個人會不會有興趣分享你的夢想。接著，你考慮是要打電話、寄電子郵件或者寫便條（對害羞的人來說，寫下想法通常比較容易表達自己）給幾位你認為最容易接近的人，向他們說明你想用支薪或者義務的方式與他配合，以及為什麼你需要他這樣一個人來幫忙。最後，請對方把你這項訊息散播出去。有些聯絡對象會幫忙傳播，有些不會。但是你終究會聯繫上一兩個外向、喜歡接受挑戰、願意助人的人。你這些嘗試有可能會吃閉門羹，但你又不是要找一個人來為你推銷夢想，你只需要一個能幹的人就夠！

在本章，你學到了各種工作模式幫助你把愛好轉成收入。你也體會到了，認出你多面向發展的心靈之後，使得你可以更誠實地面對自己。你想改變；為了改變，你開始存錢，開始訓練新技能，這些都是你為了將來的改變而做的準備。接下來這一章，要幫助你尋找資源來真正做出改變。

7 不必回學校也能進修

我喜歡這個說法，喜歡認為自己是一個多面向發展的人才。你要我想出熱情焦點，這也沒問題。但是我才剛付清我主修刑事法的大學助學貸款，就又想加入一個讓泰國鄉間大象與貧苦農夫和平共存的研究案！我該如何為這個計畫接受訓練？去做那個研究案，會花掉我很多錢嗎？

——藍迪，二十八歲

你經常覺得，對於你的熱情焦點來說，你欠缺重要的資格或認證。

擁有多種熱情的人，常常會匆匆跳進新領域。話說一九七八年我剛投入民宿事業，我在這塊領域有什麼名聲？我中學二年級家政課上縫製的圍裙拿了個六十一分，這算什麼資格嗎？我和家人住在北加州一棟只有兩個房間的農舍，然後我去美國郵政署的奧克蘭市區分局工作。以這時的我來說，前往美國東北部的新英格蘭小城一棟大型維多利亞建築裡經營民宿事業，滿足快樂度假遊客的需求，是一次迥然不同的轉變。朋友們無法想像我為什麼會想做出這麼激烈的改變，而我自己則無法想像為什麼我不去做。

由於熱愛未知，一個多面向發展的人才也可能會被那些自己從未受過正規訓練的主題吸引。這一點在藍迪身上得到驗證。他想幫助泰國大象與農夫和平共處，但是我找不到書供他參考，也無法提供他任何政府方面的措施。他家附近的大學也不提供相關學位，讓他從中學習到一個要在大象與農夫之間折衝的角色將會面臨怎樣的文化經驗，而泰國與他所成長的美國是截然不同的兩個世界。

多面向發展的你，在人生裡會遇到一種尷尬：你會愛上自己並不了解的題材。這種熱情使得你站在丟臉的原點，使你不管是二十歲、四十歲、六十歲或八十歲，都覺得自己是菜鳥。這種按照傳統方式，從第一格走到第二格，然後使勁兒走到第三格的前進方式，對你來說並不實際。由於你感興趣的事物經常轉變，所以我不見得每一次都建議這種人花錢花時間去長期讀書、或做基層工作、或者購買昂貴的設備，以為這些事物是你的焦點興趣之一。

如果你老是擔心自己欠缺文憑或知識，你很可能會一直停在原點。當你想著該如何讓一件事物成為你的熱情焦點，不妨思考富蘭克林的例子：今日世界已能提供各種跨領域的研究主題，但有什麼學術課程可以為他的專業與嗜好提供證書？我們不需要迴避事實，因為某些領域確實需要證書；但我們也不要否定自己對於學習的熱愛（我們經常被取笑為永遠沒畢業的學生）。大部分的多面向發展人才必須找到非傳統的方式來達到目的，譬如藍迪，他後來在www.allforelephants.org網站找到了方向，這個網站專門為泰國大象請命。

如果你還沒辦法鎖定目標、組合出你的四個焦點，本章的建議也派得上用場。你或許遺漏了若干美好的可能性，以為自己非得走進教室花幾年時間「學個夠」，或者你一直無法讓熱情焦點項目配合你個人或家庭的財務狀況，以下策略都可提供很有創意的方式來開始，並強化你對於自身潛力的信念。

人人喜愛流程圖

流程圖是製造商的寶貝，他們依賴流程圖來有效組裝物件，從原子筆到飛機。流程圖的運作方式如下：訂出目標名稱，例如「組裝原子筆」。接著找出步驟一（取得材料，如塑膠外殼、能夠內收的彈簧、筆芯和筆蓋），預估完成時間。接下來訂出步驟二（將筆芯塞進塑膠外殼）和完成時間。依此類推，直到組裝完成。

不僅是製造商喜愛流程圖，在我的經驗裡，幾乎人人喜歡。承辦宴會的人用流程圖來控制程序、避免混亂。公司老闆用流程圖分析每季財務目標。許多人畫出流程圖，把自己的遠大夢想切割成一系列的短程行動。但是，對於你來說，你打算組裝的是全新而前所未知的經驗，這種傳統的流程圖不見得能派上用場。如果你不知道某種工作存在，你該如何找到這份工作？如果你從來沒做過，你如何知道需要多少時間才能完成它？

我的客戶喬依就看出了流程圖的限制。她與先生到歐洲旅行時愛上了手工編織的毛衣，興致勃勃想在自己住的休閒式住宅社區開一家精緻毛衣專賣店。但她從來沒有開過公司，也不曾在零售商店做過事。她怎麼知道該如何進行？是該一開始就擬定營運計畫，用這套計畫來吸引贊助呢，還是該先籌錢，然後再根據籌到的數目來擬定計畫？既然她對經商是門外漢，她如何知道需不需要登記商號名稱？要不要去上一堂與雇用法令有關的課？她又如何在經營生意的同時兼顧家庭？

把流程反過來

在這個階段，對喬依來說比較好用的工具是「反向流程圖」。一張反過來的流程圖，是一個尋寶過程，很快就能讓你挖到寶。

第一步是找到目標。喬依的目標是自己經營一間進口毛衣商店，把齊全豐富的貨品擺上架後開張大吉。

接下來要問：你認為，你在達到目標之前需要做到哪三件事？即使你是這一行的菜鳥，應該也可以揣測一番。喬依想到以下三個：一、確保財務支援不會出問題；二、與供應商建立交易關係；三、了解與小企業經營有關的法令。

然後思考：為了完成那三件事，分別應該採取什麼行動。喬依問自己：「我該怎麼做，才能取得財務支援？」喬依對企業財務簡直一無所知，但她還是知道：「我必須進一步了解哪些人會提供這類財務支援。」她知道銀行提供貸款，也知道有些企業主藉由吸引投資者入股來籌措資金，但她想：「該如何找到投資者？還有沒有別的資金來源？」

這些思考醞釀出一個明確的問題。喬依知道市面上找得到討論這類主題的書，她打算隔天就上圖書館找資料。她還想知道政府能為中小企業提供

反向流程思考法

步驟一、設定你的目標。

步驟二、問自己：為了達到目標，需要做到哪三件事？把這三件事寫下來。

步驟三、請思考：為了完成前述的三件事，你應該採取哪些行動。逐一記下來。

從步驟三所得到的思考，可能就會讓你知道你該從何處著手，也可能是激發出幾個有意義的問題，讓你進一步設想如何達成你想採取的行動。

什麼協助；於是喬依也把這條問題與籌資問題列在一起。

此外，她在與供應商進行交易之前，要先做哪些事？她得先弄清楚哪些供應商可以提供她想要銷售的高級毛衣。喬依在歐洲旅行時，與那邊的毛衣供應商建立了不錯的關係；她也很想知道除了歐洲之外，還有哪些地方供應美麗的毛衣。她能從零售商那兒得到一些建議嗎？喬依決定在網路上搜尋毛衣商店。另外，她認識的人裡面也許有人與毛衣零售商有接洽。喬依決定來場動腦大會，找出答案。（稍後會談到什麼是動腦大會。）

喬依也需要了解法律對小企業主做了哪些規範。她該如何得到這些必要知識？她可以聘請一個律師幫忙，但她考慮後，選擇去社區大學參加每週二晚上的相關課程。但她在週三晚上會送晚餐給行動不便的鮑伯舅舅，舅舅也不太會使用廚具。為了上這堂課，她如何撥出時間？她在行事曆上把每一個星期三晚上都空出來，打電話給負責每週一送晚餐的妹妹楚蒂，討論能不能與她交換送餐時間。

到此，喬依不再整天坐在房子裡擔心：「我沒有足夠的做生意經驗。恐怕得先拿個經營管理碩士才行……」相反的，她已經明確知道自己缺少哪些知識，然後確認了她需要用到哪些資源來自己學習開店。知道了自己還不知道什麼，這件事本身就是一種智慧。這個思考流程幫助她想出了幾個小步驟，讓她更接近自己的熱情焦點。

動腦大會的技巧

假如你的反向流程圖還需要填入某些知識、靈感或設備，不妨找一群人來集思廣益。我稱這個方法為「動腦大會」。

你可以找來十幾個朋友、親戚或同事，他們不需要對你特別了解，也不需要對於你想從事的活動知之甚詳，甚至不需要關心你有什麼多面向發展的能力。但他們最好是喜歡想點子、反應快的人。（大部分的人都樂於受邀加入腦力激盪。但你準備一些吃的一定不會是壞事。）

喬依在她的動腦大會上問：「有沒有人認識高檔毛衣零售商？」你在動腦大會上想問的問題也許會是：「我的時間和預算都很吃緊，該如何才能參加藝術課程？」「我已經花了不少錢印傳單，但不知道如何發送出去。你們有沒有什麼看法？」「有誰知道，哪裡可以找到幾個對發展公共營養教育計畫有興趣的人？」

把這些人集合在一個房間，然後按照下列步驟進行：

1. 請參加者都關上手機。
2. 備妥白板、畫架、掛圖、電腦或筆記本。如果你抄筆記的速度不夠快，就請一位朋友幫忙記錄。
3. 向大家提出你的問題。

喬依的反向流程圖

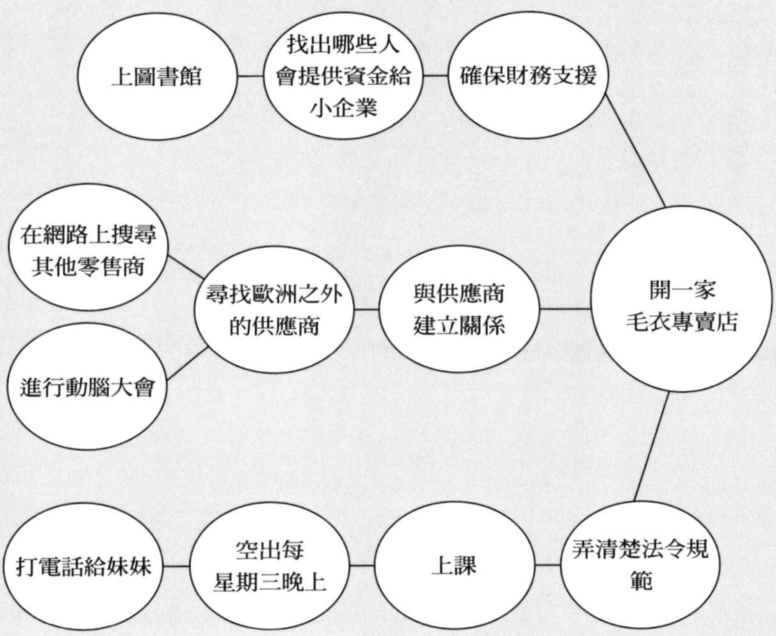
上圖書館
找出哪些人會提供資金給小企業
確保財務支援
在網路上搜尋其他零售商
進行動腦大會
尋找歐洲之外的供應商
與供應商建立關係
開一家毛衣專賣店
打電話給妹妹
空出每星期三晚上
上課
弄清楚法令規範

4. 請參加者說出他們想到的所有想法。提醒他們，這個動腦會議的目的在於盡可能蒐集想法，暫時不必顧慮想法可不可行。
5. 這個階段不要涉及評價。不要讚美或批評任何點子，不做任何形式的評論。
6. 當大家都說得差不多之後，針對你不了解的建議請對方解釋清楚。你不要爭論或反對。（最能終結創意發想過程的話語，莫過於「但是我已經試過了」或「那根本不可能」。）

如果大家一開始顯得有點僵硬或猶豫，開不了口，可以試著請他們先把想法寫在紙上。也可以要他們拋開常理、道德或法律，寫下三種瘋狂的解決之道。這樣做通常能讓大家放鬆，開懷大笑。

完成上述六個步驟之後，再試試我稱為「反式腦力激盪」的方法。請把你的問題倒過來問：「我要怎麼樣才能做到，因為實在太忙又太窮所以沒辦法上藝術課程？」眾人想出的答案可能是：「買一大堆其實你不需要的高級品」或「只要有慈善組織來邀請你加入義工，你就點頭」。多數回答也許只是胡謅，但你往往能從這堆胡說八道裡面淘出一兩顆寶石。以這個例子來說，你可能就理解到自己必須謹慎控制預算，但還沒想過應該拒絕其他都想來佔用你時間的任務。

另一個方法是，請大家盡可能用滑稽的方式回答問題。這個方法叫做「瘋言瘋語腦力激盪」。大家瞎說：

「把所有的彩券買下來，你就鐵定能中獎，這樣一來你就有錢去上藝術課程啦。」

「弄一份醫師證明，說你因為醫療理由必須上藝術課程，這樣老闆就必須讓你休假了。」「去跟老師談戀愛，這樣你就可以免費上課了。」

列出了一長串瘋言瘋語之後，請參加者協助你把每個想法改造成務實的建議。從買樂透這個建議，你或許會想到：還有哪些資金來源是我從來沒想過的？生日禮金？擺了很久的政府債券？

腦力激盪，尋找熱情焦點

如果你願意，也可以在動腦大會上提出這個大哉問：在你所有的興趣當中，哪些興趣可以入選你目前的四大熱情焦點？朋友們會激盪出十個、二十個、五十個項目，甚至提出某些新的興趣又引起你注意。然後，請大家選出一組他們認為最適合你目前狀態的焦點組合。他們提供的答案和你自己的想法可能會激出火花，而有時候是不經意的啟發。如果你發現心中暗自希望大家選的是打高爾夫、游泳、安靜時光，而不是娛樂、品酒課和種植盆景，那麼你就得到一項重大發現了。

弄一份醫師證明這個點子或許能引發你提問：有沒有其他方法能讓公司給我假期？我能不能利用特休日去上藝術課程？至於說要和老師談戀愛，可能會引發你想著：能不能和學校或老師做某種交換，好讓我減少學費？

動腦大會結束，你把所有想法分類，選出你認為合理的意見，在接下來幾天或幾星期落實它們。這時你也許會體驗到腦力激盪的額外好處：讓一群人涉入你的熱情焦點，可以為你帶來動力。

辦一場資源交換會

動腦大會的氣氛活潑、步調快速、充滿活力，而且通常能讓來參加的每個人度過一段愉快時光。不過所有成員都必須專注在你的事情、你的問題和你的熱情焦點上。如果你對於成為注意力中心覺得不自在，可以借用芭芭拉．雪兒（Barbara Sher）在她的《打造願望》（*Wishcraft*）一書裡提到的「資源交換會」，辦一場適合你的資源交換會。這種交換會不但可以讓主人受益，每個來參加的人也都會得到合用的配備、材料、資訊和人脈名單。做法如下：

- 邀請幾個背景不同的人來參加。十人左右比較剛好。
- 告訴參加者，每人要帶著三個願望前來。（為了讓對方了解你意思，你可以舉例說明：「你也許需要借一部CD燒錄機，或是你想去划獨木舟，你想知道誰認識優秀的管家或寵物保母，能在你出門的一星期裡為你代勞。）

- 備妥一疊3×5英寸的卡片，用數字標出順序。這數字要寫得夠大，站在房間另一端也能看得清楚。客人抵達時，一人發一張。留一張號碼卡給自己。
- 請拿到號碼卡一號的人開始分享他的願望。譬如，他需要一部CD燒錄機。
- 誰能夠提出建議幫他實現這個願望，就舉起自己的號碼卡。譬如，三號客人和七號客人都有CD燒錄機願意出借；你也認識某人已經不再用自己的燒錄機，所以你也把卡片舉起來。提出這項願望的一號客人，記下你們幾位的號碼和「可攜式光碟燒錄機」。這時舉起卡片的人都不要開口大談自己如何幫忙，這些細節會使全場感到無聊。
- 如果沒有人舉起卡片回應，一號客人就再說出他的第二個願望。
- 等到每一位參加者都有一個願望獲得了回應，就休息十分鐘。這時大家可以去找那些被他們記下了號碼的人，交換資源。
- 只要大家還有精力，就多進行幾回合資源分享。

我第一次辦這個資源交換會的時候，有個女生帶了她的蠟燭產品宣傳單來，請大家建議幾個效果好的張貼地點。交換會還沒結束，所有的傳單被參加者搶拿一空，打算帶回去給朋友或張貼在某處。在另一次資源交換會上，一個平時和另外兩兄弟共用臥室的高中生，希望能有一個安靜的地方讓他研讀與幾所大學有關的校況介紹資料。最後，他在一個風景美麗、小鳥啁啾的公園裡，研究他的大學簡章與學校手冊。

你說你還需要更多資訊

做過了反向流程圖思考法和腦力激盪，你說你還是沒有取得你需要的某些資訊，怎麼辦？譬如，喬依不確定如何尋求政府提供給小企業的支援。而你的流程圖告訴你，應該往外學習，但如果你和朋友們一直困在辦公室的小隔間裡，這時你該如何取得所需資訊？

幸好，對於一個多面向發展的人才來說，有方法讓你更迅速而且幾乎無壓力的方式學習。外面有好多個人、組織和其他資源等著為你服務。

假如你想開一家小公司，還有哪兒比經濟部中小企業處更適合你求助？中小企業處在各地設有辦公室，提供座談會、研習課程和文字資料，羅列了各種特別為企業主撰寫的最新實用資訊。中小企業處也提供他們很自豪的「退休經理人諮詢服務中心」（簡稱SCORE），由退休經理人擔任的義工，都很樂於分享他們的經驗。另一個常被忽略的組織是商會。有的商會針對行銷與創業計畫提供了短期課程。企業協會與地方社區發展組織也都願意回答你的問題。假如你的新創事業與女性或少數族裔有關，有些特定組織也幫得上忙。（**中文版編按：這裡所說的是美國的情況，不完全適用於台灣。不過台灣的經濟部之下也設有「中小企業處」，確實提供若干創業協助。**）

你說你想為自己的藝術作品尋找贊助。很多公立的藝術委員會也許可以幫忙。這樣的組織通常會贊助若干藝術計畫。洛杉磯就有協助藝術家展開事業的「藝術家安置國家網」（National Network for Artist Placement）。福特汽車、古根漢美術館、洛克斐勒基金會等企業或組織，也都對藝術家提供補助。有些在地的藝術家聯盟與合作組織也提供協助。（**中文版編按：台灣的情況大同小異。文化部、國藝會等單位提供不少與藝術有關的協助，很多地方縣政府也設有相關部門提供不同的服務。若干企業也設有與藝術或創作有關的大小贊助計畫。**）

我遭遇困頓時，常常從博學多聞的圖書館館員那兒得知很多我從來不曉得的資源。如果你想找罕見的、針對特定項目的準確資訊，不妨上圖書館求助。圖書館館員們長期浸淫書海，對於浩瀚的參考書與線上工具非常熟悉，也能進入龐大而昂貴的資料庫。我很樂意推薦幾本書給初次嘗試創業的人，譬如《一九九種在家創業必成法》這本書。有些書可以針對特定主題提供周詳的建議，譬如《用雞骨造恐龍：傻瓜也能懂的新進古生物學家指南》、《如何寫出暢銷卡片、汽車貼紙、T恤和其他有趣玩意》等書。假如「親近大自然」是你的焦點興趣之一，你可以讀《戶外工作：事業與自雇手冊》、《陽光事業：戶外工作機會》這兩本。想到海外工作嗎？市面上也有這類主題的書提供詳盡細節，例如《打工遊世界》。你是個在學大學生但急於探索世界嗎？試試《起飛：社會新鮮人的非凡探索》。（**中文版編按：這幾本書的原文書名與副書名等資料，請見附表。台灣讀者也可在書店或圖書館找到不少相關主題的書。**）

時值二十一世紀，別忘了我們還有一項神奇資源，那就是網路。你在網路上幾乎可以針對任何主題找到資訊。你也可以進入網站的討論板或聊天室，提出你的問題，並從幾乎不限範圍的來源獲得答案。你也可以閱讀相關部落格文章。無論你的主題是什麼，都有資源可得。別因為不懂而裹足不前！

誰說當義工就要舔郵票

腦力激盪和做研究當然很重要，但相關經驗也是必要的。如果我們不想按照傳統途徑打出一片天，那麼獲得經驗的一個重要方法就是在相關領域擔任義務性質的工作。你可以發現很多種兼職性質或在正常工作時間之外的志願工作。

參加我研習營的學員凱倫抗議說：「我試過了。我為藝廊當義工，下場是窩在後面的辦公室舔郵票寄信。那種工作對我有什麼好處？」

凱倫錯在於她自我設限，一定要找「正式」的義工機會，就是那種你打電話去博物館、歷史協會或交響樂團說要當義工時，對方給你的機會。這些工作通常侷限於傳統的義工角色，例如募款人員、解說員或禮品店店員。若你真想體驗募款、導覽或店

- □《一九九種在家創業必成法》（*199 Great Home Businesses You Can Start [and Succeed In] for Under $1,000*）。
- □《用雞骨造恐龍：傻瓜也能懂的新進古生物學家指南》（*Make Your Own Dinosaur out of Chicken Bones: Foolproof Instructions for Budding Paleontologists*）。
- □《如何寫出暢銷卡片、汽車貼紙、T恤和其他有趣玩意》（*How to Write and Sell Greeting Cards, Bumper Stickers, T-Shirts and Other Fun Stuff*）。
- □《戶外工作：事業與自雇手冊》（*Working Outdoors: A Career and Self-Employment Handbook*）。
- □《陽光事業：戶外工作機會》（*Sunshine Jobs: Career Opportunities Working Outdoors*）。
- □《打工遊世界》（*Petersham Guide Vacation Works: Work Your Way Around the World*）。
- □《起飛：社會新鮮人的非凡探索》（*Taking Off: Extraordinary Ways to Spend Your First Year Out of College*）。

員工作，這當然很好；然而對大部分人來說，沒辦法從這種機會中得到對於自己的熱情焦點有用的經驗與訓練。

假如你能用交換形式來擔任義工，會更有收穫。你可以為某個人物或組織提供服務，而你的報酬是你能得到訓練或經驗。這樣的機會鮮少發布在義工招募訊息上，你得自己去創造出來。

我的客戶芳恩自告奮勇要幫她的牙醫在他辦公室窗台布置盆栽，讓他的病人有漂亮風景可欣賞。他只要支付購買花盆和植物的費用，而她要求的回報僅僅是為她的作品拍照，將來如果有人喜歡她的作品，便請牙醫幫忙寫推薦函。芳恩在週末完成作品，然後大獲激賞。不久就有其他牙醫也來找她幫忙布置盆栽，而一家報紙刊登了這則故事。總之，芳恩得到了名氣、照片和推薦信，有助於她推動夢想中的戶外園藝事業。

艾爾希望離開管理領域，進入電腦訓練事業，他也自己創造了一份義務工作的機會，後來證明對於他日後的發展頗具重要性。他是個安靜的人，說話輕聲細語，覺得一般大眾對於電腦的恐懼超乎常理。於是他自願在附近的老人活動中心和圖書館教授基礎電腦課程，以此練習教學技巧並得到曝光機會。他用簡單易記的類推法發展出創意教法，解釋電子郵件與網路的運作方式。一位老先生對於艾爾緩慢而耐心的教學方式大表讚賞，回家後向兒子猛誇艾爾。老先生的兒子自己經營一家生化科技公司，當他的公司計畫加強電腦設備時，想起了父親誇讚艾爾的事。你猜，誰得到這份大合約來訓練這家公司全體員工使用新系統？

關於義工的兩個問題

當你在尋找義務的工作，冀望這機會能讓你接觸到有經驗的專業人士，並獲得實務經驗；這時你務必要聯絡上正確的對象。問錯了人，會使你走進死胡同，或舔郵票舔到舌頭發皺。在你拿起電話筒應徵義務工作之前，先問自己兩個問題：

第一個問題：「**我在執行我的焦點熱情時，會不會與志願服務的對象之間形成競爭？**」譬如，假設我的熱情焦點之一是協助女性擬定財務規劃，而且我對於與新人共事特別感興趣；我打算在成人教育中心為婦女開設初級財務規劃研習營。但是我在成人教育方面也是新手。我瀏覽了成人教育課程目錄，注意到有個財務規劃師，艾德．瓊斯（Ed Jones），每學期開設一門投資課程。因此，我問他能不能讓我在他的某一堂課上當助教，我想觀摩他上課的內容與方法。艾德會接受我嗎？在多數例子裡，對方可能會把我視為競爭對象。他為什麼要把自己辛苦鍛鍊出來的教學技巧傳給我，讓我以後和他競爭開設成人教育課程的機會？如果我想從某人身上學到經驗，最好去找在其他城裡的成人教育課程老師。

不過，在某些情境之下，艾德也許會是我最理想的第一個「上司」。如果艾德的專長是退休規劃，但在這一行打滾多年卻沒留住客戶，他就可能會接受我的義務幫助，認為我完全不會踩進他的界線，完全不構成威脅。他也可能會建議我與他區分領域，要我針對投資新手開設課程，而他則鎖定較熟練財務管理的客戶。這樣一來，就沒有競爭問題了，而我們兩人可各取所需。

第二個問題：「**我志願服務的這個對象，在我感興趣的領域裡能不能掌握什麼東西？**」愛好藝術的凱倫就是因為沒有問出這個關鍵問題，所以淪落到窩在藝廊後面的小辦公室裡舔郵票。她當初可能撥了某博物館的義工徵詢專線電話，被轉接給負責義工活動的布里斯女士；布里斯急著找來凱倫，於是說館方迫切需要像她這樣的人，尤其當時正逢館方積極進行募款。凱倫就這樣不知不覺陷進去了，而她唯一能看到的畫作是郵票上的圖案！儘管凱倫曾向布里斯女士表明她真正的興趣是想了解博物館裡吊掛大型油畫的技巧，因為她以後想把自己創作的拼布壁毯陳列在附近醫院的大廳；她覺得掛油畫的技巧應該與掛地毯的技巧差不多。可是呢，布里斯女士負責的是義工活動，不是油畫。

凱倫必須直接找負責陳列的人談。她自己要費一點工夫，譬如打電話給幾個大學藝術學院，查出負責吊掛大型油畫的人頭銜為何。然後她再打電話給博物館，聯繫上恰當的人員或部門。

有效表達你的要求

接洽上了對的人之後，你必須能有效表達出你對於義務工作的想法。這會直接影響到你究竟是能與大人物相談甚歡，還是一個人坐在角落打電話募款。

我提出的「四層架構表達法」可以讓你得到所需的經驗或資訊，而不至於顯得咄咄逼人。這四個表達架構讓別人有機會一方面幫助你實踐你的熱情焦點，而他們自己也能獲益。

第一層架構：大夢想。在第一層裡，你要說出你現在想達成的事物是什麼。

第二層架構：為什麼要找他們？說明你為什麼想為某個人物或組織工作，這很重要。你的目標要明確，而且你要預先做功課，透徹研究相關領域，才能明確闡釋你為什麼來找他們。務必讓你的理由聽起來出自真心。油嘴滑舌或拍馬屁都可能招致反效果。

第三層架構：為什麼你想當義工。明確描述你想從義工經驗當中得到什麼。

第四層架構：對方可以得到什麼好處。告訴對方，你願意給予回饋，以此交換你想得到的經驗。

以想開毛衣專賣店的喬依來說，她運用了上述的四層表達架構，在卡珊卓那兒得到理想的義工機會。卡珊卓經營一間高級女裝店，所在地點位於另一城市，但環境與喬依住的地方很像，是一處消費較高檔的觀光景點。（注意，喬依選擇的不是可能視她為競爭對手的附近零售商。）

喬依告訴卡珊卓，她對於織工精巧、設計充滿美感的毛衣情有獨鍾，而歐洲之旅讓她有了開設毛衣專賣店的想法（第一層架構）。接著她解釋，她為什麼來找卡珊卓，因為她在多家商店所看到的毛衣裡面，她最喜歡卡珊卓所販售的毛衣（第二層架構）。這個說法在卡珊卓聽來頗為真誠，她知道自己店裡陳列毛衣的面積確實比一般女裝店來得多。喬依的真心令她感到窩心。

接著，進行到第三層架構，喬依明白說出她想從卡珊卓身上得到什麼：「我想知道，你願不願意給我三個小時，坐下來和我談，告訴我一點有關毛衣供應商的資訊——我如何找到他們、如何評估、如何與他們交涉。」她連帶提出第四層架構：「我願意和你交換，我給你六個小時，你可以叫我做任何幫得上你忙的事。」由於喬依在零售業毫無經驗，無法為卡珊卓提供對等的服務，於是她提議以兩倍的時間作為交換。卡珊卓很高興，同意在週日晚上撥出三小時，換得喬依的六小時。後來，卡珊卓有個下午必須照顧店面，於是喬依開車載著卡珊卓的親戚到機場搭飛機（來回約六小時）。喬依後來寫信給我，她說若不是她對卡珊卓運用了四個表達架構，她的毛衣店絕對開不成；而且她既沒有讓別人覺得有壓力，也不必舔郵票。

四層架構表達法

以喬依的毛衣店為例

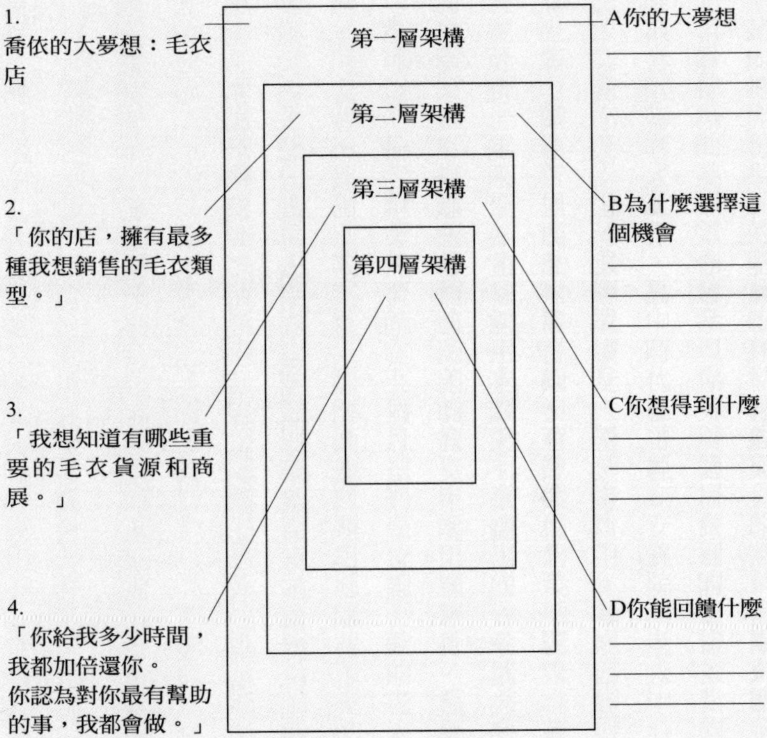
1.
喬依的大夢想：毛衣店
2.
「你的店，擁有最多種我想銷售的毛衣類型。」
3.
「我想知道有哪些重要的毛衣貨源和商展。」
4.
「你給我多少時間，我都加倍還你。你認為對你最有幫助的事，我都會做。」
第一層架構
第二層架構
第三層架構
第四層架構
A你的大夢想
B為什麼選擇這個機會
C你想得到什麼
D你能回饋什麼

找一位前輩當你的導師

四層架構表達法，讓喬依在短時間裡就得到相當明確的資訊。另外，持續與一位有經驗的前輩或者生涯輔導員共事，也很有幫助。

對於有些終生只選一條路、尤其是及早就立定志向的人來說，這位導師通常出現在學校或業界。舉例來說，瑞秋是生物化學界的莫札特型人物。她還沒有與男生約會，就愛上了有機化合物和合成過程。她高中時接受招募，進入一個輔導團體。這個社團找來專業的女性人才，每人輔導一名在理科世界前途看好的女學生。協助瑞秋的這位前輩，幫助瑞秋決定該申請哪一所大學，甚至為她寫推薦信給自己的母校。幾年後，瑞秋取得了三個學位；她在進製藥公司上班的頭一天，走進人力資源部門，對方給了她一張電子識別證、提供健康保險的公司名單和一名指定輔導員，這是該公司的一名資深化學家。他每個月與瑞秋碰面一次。多年來，他協助瑞秋應付出名難纏的老闆，在百憂解（Prozac）這種抗憂鬱藥問世之前，就引領她深入研究選擇性血清素再吸收抑制劑（selective serotonin reuptake inhibitors，簡稱SSRIs）。瑞秋假如在人生的各個階段沒有遇到那幾位前輩作為導師，她也許還是能當上化學家，但她可能不會如此迅速成為業界高手，開發出頂尖的精神藥物。

像你這樣的多面向發展人才，也應該尋找一位導師。然而，近年來學校或企業的輔導方式變得過於體制化，使得很多人忘記了，傳統上的輔導，其實並不拘於形式，而且人人都可以運用。「導師」（mentor）一詞，可追溯到希臘作家荷馬的史詩《奧德賽》（*Odyssey*），故事主角奧德賽有位比他年長的「曼特」（Mentor），在他出航加入特洛伊戰爭的時候輔導他的兒子特勒馬科斯——導師僅僅就是這樣而已，沒有結構化的課程，沒有什麼把曼特與受託照顧的年輕人湊搭配對的事兒。在我想像中，曼特帶領年輕的特勒馬科斯外出喝茶吃橄欖，教他如何理家、選擇妻子、應付戰爭，以及其他彼時希臘青年要面對的大小事。

今日，一位前輩導師還是很類似曼特的角色，他們做過了你想做的事，比你更早了解某個領域的現實面。前輩可以帶你進入各種達人的圈子，也可能由於他們勇於離開人群而成為你的典範。他們所具備的東西與人脈，只能靠經驗得來。對於想要打入新領域的多面向發展人才來說，一定要找到一位導師級的人物。

這位前輩導師可以為你解惑，有時你還不知道如何發問，他就給了你答案。對此，艾拉有親身經驗。艾拉年近三十，活潑好動，想要什麼都會努力去做。他的兩大興趣之一：一是在家教育（他希望最後能把這方面能力運用在他家裡兩歲的聰明雙胞胎孩子身上），二是與標準化教育評鑑體系裡的階級與種族偏見有關的課題。他接受了我的諮詢之後，決定發行一份電子報，提供給其他也施行在家教育、但很擔心孩子無法通過大學入學測驗的父母。來找我的時候，艾拉自己訂過幾份電子報，此外便對網路上的電子報所知無幾。他透過聊天室認識了哈利；哈利獨立發行過兩份電子報。

「要不是你建議我去找個導師，我可能會自己去做一套，然後浪費不少寶貴時間。」艾拉對我說：「哈利告訴我好多訣竅，讓我用更快也更有效的方式接近讀者。他教我如何建立連結、加入組織，還示範給我看如何加入重要的聊天室，進去宣傳我的電子報。要不是他，我不會知道我的電子報首頁必須加上地址，否則它可能會依據法規被分類為廣告，當成垃圾信件處理。你也知道的嘛，我同時做好多事，我頭上的天線可能會漏掉這類的重大細節。」

當你覺得遇上瓶頸時，導師也可以幫上大忙。我的鄰居莎拉說起她是如何察覺這一點的。

她說：「我想盡辦法要讓有機合作農場營運上軌道，但我就是無法填補所有財務漏洞。我找朋友們針對這個問題開過動腦大會，但我朋友們都沒有農業背景。直到我表妹偶然提到她很喜歡她公司提供的導師制度，我才想到要找個有機農場領域的人來指引我。我找到一位在成年後便投入各階段另類農業的女士，她幫我接洽上兩位創業家，他們的目標是支持有機農場教育，為那些志在發展有機程度較高農作的農夫提供典範。有了他們的財務挹注和我的農業經驗，銀行總算願意接受我的貸款申請了。」

感謝這位前輩的指導，莎拉從瓶頸走出來，進入雙贏局面。「沒有她，我根本不會有這樣的成就！」

該如何找到一位導師？這在某些領域很容易做到。如果你想做生意，可以找前面提過的退休經理人諮詢服務中心聯繫那些退休主管。如果你想在現在所處的產業裡換個領域，可以從你已經建立的人脈裡尋找對象。著有《JOB：勇氣、承諾與事業》（*Creating the Work You Love: Courage, Commitment, and Career*）一書的瑞克．傑洛（Rick Jarow）相信，凡是真正想追求內心熱情的人，導師會自己走向他。他說：「讓自己置身於某個領域，表現出真誠，自然就會有適合你的程度、而且需要你這種刺激的導師出現。」有時候，當你與其他有同樣志趣的人走上同一條道路之後——參加支援團體、出席商業會議、大膽提出你的新想法——導師就會出現。譬如你在餐館用品展示會上與另一個人聊得很興奮，然後發現對方擁有連鎖麵包店，沒多久你們便定期談論如何配送你製作的點心。

此外，你也可以直接走向你仰慕的某個對象，開口邀對方擔任你的導師。你拿起電話筒說：「我很喜歡你的作品。」然後你解釋為什麼喜歡他的作品。你再問對方：「我能不能請你吃頓晚餐，向你討教一番？」大部分的人面對這種邀約，只會覺得難以抵擋，不會覺得厭惡。雖然這位導師並不期望能和你交換什麼，你也不必覺得自己像是在乞討。真正的專業人士會了解，以你的魅力與膽識，你終究能成為價值不菲的商場盟友。

再不濟，也可以不必找活生生的人來當導師。卡蘿．洛伊德（Carol Lloyd）在她的著作《創造生命價值》（*Creating a Life Worth Living*）一書裡，訪問了發明家琳．高登（Lynn Gordon）。高登承認她有幾位「看不見的導師」，那是她在報紙上讀到的幾位聰明又有趣的人物的人生發展。

那時正值我開始夢想建立諮詢服務事業，而「生涯輔導」這名詞尚未流行。於是我聽取了高登的建議，找尋專精於事業規劃（這東西最接近我想從事的主題）的專家。我記下這些專家在哪些地方舉辦演講和研習營，弄清楚他們是否在諮詢服務之外也銷售產品，以及他們的授課錄音是否和書本分開銷售等等。

我的客戶華妮塔也用了這個方式。她的熱情焦點之一是：記錄下各地原住民在乾旱地區的耕種方式，好參照他們的耕種技術，將之改良運用在其他水源逐漸稀少的地區。華妮塔每一次想知道如何貼近另一種文化的時候，就去翻閱人類學家瑪格麗特．米德（Margaret Mead）的著作。她也把已故叔叔的詳盡考古筆記當作她撰寫考察紀錄時的範例。華妮塔向我坦承，她經常聽到自己心裡有個擾人的聲音使得她想放棄：像你這樣的都市女孩，懂什麼農業？但她想起小學五年級時有位女童軍隊長阿畢蓋爾女士的話：「永遠不要忘記，只要下定決心，沒有做不到的事！」

然後華妮塔笑著問我：「對於這項我四十幾歲了才開始進行、並被我列為人生焦點之一的艱難任務來說，誰是我的導師？是我的大學校友名冊！每當我在一個新的國家需要聯絡人，我就在校友名冊裡尋找，哪些人在我所處的這地方認識一些人。」

人生教練：你最公正的顧問

在你朝著多面向發展的路上，你需要的不是那種會誇大你的天賦（有些家長或配偶會這樣做）的人，但這人也不會小看你的天賦（另一些家長或配偶會這樣做）；這兩種做法都會造成誤導。有些朋友可能會出於嫉妒，於是表現出不必要的態度；有些朋友卻又太善於將心比心，大力支持你嘗試新冒險或者「逃」向自由，於是在一旁大敲邊鼓，導致你走得太快。

這時，「人生教練」（Life Coach）就可以上場了。「人生教練」是一種成長快速的專業。根據《新興職業期刊》（*New and Emerging Occupations*）報導，全美國目前有大約一萬名的人生教練及主管。不要把「教練」與「心理醫師」混為一談。心理醫師通常是深入回溯你的過去，找出那些造成你情緒痛苦的來源。而人生教練不是導師，他們在你的領域裡並不是專業的前輩。他們也不是傳統上的生涯顧問；生涯顧問會使用標準化的測驗，協助你接洽人力資源公司，或告訴你相關領域有哪些公司在徵人。

確切來說，「人生教練」是批判性思考和解決問題的專家。他們以中立但眼光清晰的顧問角色，協助你評估人生課題，並給予公正的回應。他們有時具有體育運動教練一般的驅策能力，有時又像個溫柔但練達的老祖母，不會容許你自欺欺人。在你掉進負面思考習慣的時候，人生教練會拉你一把，並且協助你判斷，究竟是正面的「獎勵」對你有用，還是挑戰性的「懲罰」更能夠激發你前進。假如你把與人生教練的諮詢當作某種在期限之前必須完成某些事物的方法，這位教練也能協助你進入狀況。

人生教練特別管用的地方，是當你想在你的熱情焦點之外尋找其他看法的時候。由於你需要一個立場超然的人，所以很遺憾的，你身邊那些親近的人無法成為你的人生教練。試想，假如你配偶由於你的改變而恐怕必須搬家或調整生活方式，假如你的事業夥伴可能必須買下你的股權，假如你同事由於你的離職而再也無法忍受他自己的工作，或者最適合你執行你的熱情焦點的地方是在三千哩外，那麼你的朋友就得忍受思念之苦——你很難期待這些與你貼得很近的人能夠徹底中立，無論他們多麼努力嘗試要保持客觀。

大部分城鎮都找得到幾位值得誇耀的人生教練，但你也可以利用電話或電子郵件向多位教練尋求用遠距方式進行諮商。你要記得，你需要的不是鴨子教練，而必須是天鵝！如果你想找的教練自己擁有網站，你可以上去查詢，或者索取資料，看看其他客戶有什麼說法，思考一下，這位教練像不像一位成就斐然的多面向發展人才？然後打電話給那位教練說：「我這個人興趣廣泛，你能不能幫我想辦法，幫助我發揮才能？」留神聽他的回應。他說要幫你得到快樂嗎？說要指引你走向你的道路嗎？有沒有說出類似下面的話：「很高興聽到你說你的興趣廣泛！我很樂意幫助你獲得滿足，我不會讓你繼續茫然。」以史密斯學院女性經理人教育計畫室副主任艾瑞斯・瑪契（Iris Marchaj）的說法：「如果你不知如何是好，就去找一個了解什麼叫做『多面向發展』的教練。」這表示，你需要的這位人生教練，應該要能對於擁有多重愛好的人在金錢、個人生活與實務面會遇到的課題提出深具創意的看法。

我希望這一章已經說服了你，當你不想在新領域從最基層開始奮鬥，你還是有很多方法可以獲得新點子、豐富資訊、長期支援和有效的指導。接下來的第八章針對比較年輕的學生討論如何運用他們的好奇心，如果你不屬於這個範疇，可以跳過，直接閱讀第四部。

8 給新鮮人的建議

到目前為止，我聽說的例子都是成年之後才發現自己擁有多方面的熱情，這時他們都已經大學畢業，有了工作。我想知道：你這套關於管理熱情的策略，也能讓我面對「高中之後的歲月」嗎？

——愛麗絲，十七歲

你年紀輕輕，但已經體認到自己具備多面向發展的特質。本章就是以你這樣的人為對象，討論你們可以如何做決定。恭喜你，既有自覺，又早熟。既然你們及早就認識到自己的特質，此後人生將可以過得非常有彈性，非常滿足。

對於年輕人來說，人生道路本來就有多種選擇。你可以上大學、找一份有薪水的工作、理家、準備養育小孩，或者放假一年。每一條道路各有獨特的機會與挑戰，而你當然不是只能選擇其中一條。且讓我們逐一檢視那些擺在你面前的選項。

上大學：該讀哪一所學校？

若說成年人想迴避「你是做什麼的？」這個老問題，那麼準備上大學的孩子最常被成人盤問的是：「你想讀哪一所大學？」你的高中成績、測驗分數和你家庭的財務狀況可能會限制你的選擇，但通常你還是會有好多所大學可以考慮。

對於有些具備多種熱情與興趣的學子來說，挑定學校就像只能選擇一種冰淇淋口味，他們簡直無法決定。在這種壓力下，有些年輕人乾脆讓師長為他們抉擇。然而，放棄了這項為自己做決定的責任，會使你在以後的人生裡更做不出重大決定。我認識一些逃避問題的多面向發展人才，他們由於擔心自己被綁在某一所大學、某一個主修科目或某一份事業上，於是故意搞砸申請流程。如果你知道自己喜愛學習，樂意繼續升學，請你不要因噎廢食，而是要發揮創意，設定界限，做出決定。

以下幾條判準可協助你找出適合你的學校，讓你發揮你多才多藝的興趣。凡是不符合這些標準的學校就排除掉，等到你用消去法挑出了四或五所學校之後，就不要再翻閱厚厚的大學入學指南了。

一、這所學校是否提供了廣泛的課程？大型州立大學提供了包羅萬象的課程。規模較小的文科學院，尤其是地處偏僻的學院，通常養不起大量教師。但如果你偏愛小型專門學院的校園氣氛，可以查詢那些學校是否與其他學校有跨校的課程分享專案，讓你擴大科目選項。舉例來說，我的客戶喬爾個性害羞，一直靠在家教育學習。他一想到讀書的地方得從臥室轉移到大型大學就害怕，很希望能去小規模的大學就讀。又由於他在高中畢業之前曾經在暑假研習營擔任生物科實習生，迷上了生物，因此他希望將來能做專科研究。一開始喬爾以為這表示他非得進入大型大學不可。但他發現，安赫斯特大學（Amherst College）不但是他偏愛的小型規模，而且與麻州大學安赫斯特分校有合作關係，他非常高興，這樣一來便可在安赫斯特大學選修大提琴和古典語言，同時利用麻州大學提供的應用遺傳學的研究設備。

二、這所學校有沒有提供跨領域的學程？這種跨領域學程可以讓學生在一門主修科目之下滿足兩、三種興趣。某些領域的進階課程只開放給符合所有要求的學生，但跨領域學程能開放給所有學生參與。譬如一個對古文明建築有興趣的學生，可以選修包含了高階地質學、語言學和史學的跨領域學程，而不必先分別修習十幾堂預修課程。學校通常會提供跨領域學程的選課單，但你也可以自己規劃你想要的跨領域學程。你當然也可以採取雙主修甚至三主修的方式，但這往往得多花一學期或一學年，才有辦法完成各個主修科目所要求的學分數。

假如你不打算攻讀跨領域學程，也不想自己規劃主修科目，你還是不妨考慮進入那些能提供這類學程的大學就讀。既然你有多面向發展的特質，你會希望學校對於具有多種興趣的學生是友善的，而不是要求所有學生都只能選擇單一的傳統主修科目。

三、學校是否提供了足夠的課外活動？這些課外活動是否開放給大部分的學生？你很可能不只對書本感興趣，所以你會關心各個學校能提供多少課外活動。除了確認他們是否提供你感興趣的活動，也要看一看這所學校是否也提供了足夠廣泛的其他選擇。

我有個聰明的客戶艾琳，她可以在全美最好的幾所大學裡面做選擇。最後她選了康乃狄克州的衛斯理學院（Wesleyan），原因之一是該校的課程包含不少她從來沒聽過的特殊主題，例如印尼的甘美朗音樂（gamelan），這是一種樂隊形式的音樂表演，主要由鑼、鼓和木琴等打擊樂器組成。艾琳還很年輕，但她已經知道自己可能還沒畢業就對她現在的某些興趣不再起勁，因此她希望將來還能有其他選擇。另一名學生馬丁則選擇了佛羅里達州的學校，原因之一是他在佛州一年到頭都可以打棒球。不過學校也提供了有意思的課外活動，例如與海豚一起工作、週末研究珊瑚礁，這些才是促使他決定進入該校就讀的主因。

如果你偏好體能活動，那麼你所考慮的學校就要能提供多種運動活動，還擁有具備「全美大學生體育協會」資格的運動校隊。不少人可以同時應付體育競技、吃重的學業和課外活動，但有些學生覺得，參加了體育校隊之後必須投入相當時間，還必須經常外出比賽，這會使他們沒有多少時間從事其他興趣。為了平衡，你不妨選擇比較輕鬆的方式來加入體育活動，不一定非加入校隊不可。

此外，你應該先做功課或者實地拜訪學校，以了解他們提供的課外活動有哪些限制，又會不會過度重視競爭。有個高三學生黛狄，她是辯論社成員，她希望能在大學繼續參加辯論活動。她拜訪了幾個列入最後考慮的學校後，發現有幾所學校的辯論社團競爭太激烈，辯論代表隊竟然只收那些承諾接下來四年都會留在隊上的人，而且參加者必須逐年「晉升」，才得以代表學校參加全國比賽。黛狄不喜歡這樣，因此她篩掉這類學校。最後她選了一所可讓所有學生自由參加辯論社的學校，校方是以熱情和技巧這兩項條件來挑選校隊成員，不在乎成員願意留在隊上多久。

四、學校對於課業的要求程度，能容許你有時間從事所有的興趣嗎？花點時間思考你比較在乎什麼：是學校的學術聲譽，還是你在學校可投入較多活動。你也許認為，若想獲得滿意的學習經驗，就必須有嚴格的學術訓練和學有專攻的教授群，而一份寫出了響亮校名的履歷表，對於你將來轉換事業會有幫助。不過，有些人發現，過於高壓的學術環境使他們無法從事運動，無法花幾個小時坐在電腦前繪圖，無法利用週末參加戶外探險社團，清理被污染的溪流。這個問題沒有正確答案，只看你想要什麼。

「你的主修是什麼？」

多數大學不會要求學生在二年級之前就決定主修科目，但親友經常會期望你好好

再也不必被逼到樹上

我有一張照片，照片裡的人是亞當．坎貝爾－史特勞斯（Adam Campbell-Strauss），他高坐樹枝上打著非洲鼓，炫耀他身上印有「四海一家」字樣的T恤。這張照片，被波莫納大學（Pomona College）選來印在招生簡章上，用來吸引學生申請該校。

然而，在那之前我見到亞當的時候，他說他覺得不會有學校認真看待他。他喜歡的事物很多，性質差異甚大，簡直可說是分散在地球上四個角落。他熱愛打鼓，在好幾個樂團表演過，也跟著千里達鋼鼓音樂專家傑賽爾．莫瑞（Jessel Murray）挑選的聖歌合唱團巡迴演出，擔任打擊樂伴奏。亞當讀高中時，熱愛露營和戶外求生課程，他還自願為當地小學擔任課後活動的輔導，並且幫忙搭建了自家房屋。高中畢業後，他花了一年時間擔任奧勒岡州的環保團體義工，教導生態學。

亞當非常驚訝地得知，真的有學校十分希望學生像他這樣擁有各種熱情。他現在是波莫納大學的榮譽學生，正在考慮研讀公共衛生的主題。亞當現在發現，一輩子絕對不是只能做一件事。他不再是那個被逼「上樹」、進退不得的人了。

兒回答「你的主修是什麼？」這個問題，也很早就對你問起，早在你大一、甚至還在讀高中的時候就問你。對於朝著多面向發展的你來說，你可能會被多種科目領域吸引。如果你尚未決定想主修某個領域，盡量不要讓自己因為別人問出這個問題就變得自我防衛。以下是幾個比較圓滑的回答方式，讓你聽起來顯得很成熟而深思熟慮：

- 「我所申請的每一所大學，在申請書上都有一個小方格，假如你還沒決定主修科目，就在那方格裡打勾。事實上學校都建議學生，在還沒有把握之前，不必急著做決定。」
- 「你知道嗎，我的學校並沒有要求我在大二之前就選定主修。我打算利用大一大二這兩年多嘗試幾種興趣，然後再縮小我的選擇範圍。」
- 對於特別咄咄逼人的親友，有時候，不妨順手選擇一個你當下的興趣，把它當作答案：「我會讀法文系，這是我的一大興趣。」然後你就把主題轉移到你對於法文的愛好，用你的熱忱使對話更顯熱烈。不過要注意，這個策略對於那些不在你生活圈子裡的人最管用；對於至親好友，你還是該用直接的方式討論你想如何讀完大學。免得他們一頭霧水，甚至日後覺得被你背叛。

用熱情焦點組合法來選擇你的主修

在大學頭兩年，多的是時間鑽研課程目錄，上自天文下至地理，各種課程都值得嘗試。一定要把握這段探索時光！針對你喜愛的主題去選課，但每年都要離開你已經熟稔的領域，撥出時間嘗試新的主題，特別是由於這些新的主題令人望而生畏（語言學？戲劇？不要吧！寫作班？經濟學？我不敢！），你更要去嘗試。畢竟，學習新事物能讓一個對於多種事物都感興趣的人更充滿生氣。

沒錯，你應該好好享受頭兩年探索嘗試的樂趣，但是別淪落到貪多嚼不爛的窘境。本書第三章的練習，可以讓你釐清你認為最重要的東西是哪些；然後你再運用熱情聚焦的策略，選出三到五項焦點，避免因為選太多而什麼都做不好。以布萊娜為例，她的四個焦點是：心靈成長、保持健美、政治活動、以優良成績畢業。布萊娜打算利用課外時間練習競技飛盤，藉此健身。她也加入了一個本地的草根政治組織。於是當她打開課程表時，想找的課程必須能讓她從事另外兩個焦點項目。最後她選了一門榮譽學程、一門聖經歷史。這樣一來，她便有餘裕完成課程要求，同時發展其他熱情。

大學確實提供了在別處找不到的多種可能性，但我以自己經驗作證，生命不會在你大學畢業後就變黯淡。如果你遵循本書的建議，你的未來還是會充滿喜悅和嶄新的可能性。不要死板板以為，你在大學裡選修的每一門課都必須是最理想的選擇。

你終究必須選定一兩門主修科目。雖然說，你一想到要選定科目就覺得不安，但你大可不必。不要覺得那些板著晚娘面孔的學校行政人員強迫你選定主修。你卻應該把這件事視為一次機會，讓你體驗「聚焦」的好處。是的，你沒有時間選修所有看起來很棒的課，但你會發現，深入鑽研幾種興趣將會為你帶來滿足感；這時，如果你已經在第一年嘗試過幾種科目，你會進一步認識自己。你是否喜歡工作傘這類的事業，例如新聞採訪？若是，你可能會難以決定究竟該主修哪一科才能讓你撰寫各種有意思的主題。或者，你二年級或三年級了，發現自己很想學習與十五世紀中國有關的所有東西，若是這樣，你可能就是那種先有少數幾種興趣、但以後會換成另一組興趣的人。這很好！別因為擔心自己也許不會一直對這主題感興趣，就壓抑這個熱情的呼喚。記住，投入你目前的興趣，會讓你在將來轉換到另一種興趣。（想多了解熱情與力量的關係，請參考第二章。）

如果你到了大三還不覺得有哪一個科目特別吸引你，不要覺得絕望。你可能是那種能夠同時投入三、四或五種不同興趣的幸運兒。對你來說，最佳的主修科目往往是那種涵蓋較大範圍、橫跨幾個領域的學科——這可稱為某種「主修傘」。跨領域學程裡充滿了誘人的選項，不過有些傳統的主修科目也可以容納夠寬的範圍。讓我們來看幾個快樂學生的見證：

大衛（歐柏林大學）：「我喜歡歷史、哲學、宗教研究、比較社會學、民俗文化和政治。所以我選擇了跨領域的比較宗教學作為主修科目。這門主修包含了所有我感興趣的科目，還讓我有時間研究其他主題。」

亞隆（麥卡勒斯特大學）：「當我決定以英文為主進行獨立研究時，家人都很驚訝。他們想到了以前在學校上的英文課，認為我這樣做太過狹隘。但是在我的學校，標準的英文主修裡，包含了各個歷史年代的英美文學、非裔美國文學、美洲原住民文學和非洲文學。能讀到那麼多隸屬不同年代、族群和文化的文字作品，滿足了我的多種興趣，我可以把這些融入我想研究的原住民文化裡的語言議題，以及心理原型所扮演的跨文化角色。」

海斯特（布朗大學）：「我沒有主修跨領域學程，也沒有做獨立研究，反而在課表裡選定了『女性研究』。選這門課怎麼會錯？你可以學到各種國家、文化、宗教與時代背景之下的女性，研究她們的角色與處境。我們女性畢竟在全世界人口裡佔了百分之五十三咧。」

傑克（印第安納大學）：「寫作一直是我的主要興趣，所以我喜歡主修英文，並且專攻寫作。我有兩個副修科目，一個是哲學，另一個是西班牙文。我有兩個副修加一個主修，表示我不能再選修太多別的東西了，但我喜歡在選擇學期課程的時候受到一點限制。」

讓你的學習更務實，但仍然多采多姿

家長和輔導老師可能會極力勸你，在挑選或規劃主修科目的時候要「務實」。假如他們是被那些相信「從一而終，由下往上爬」的人教養長大，以為只有這方法才能掙錢，他們就特別會這樣說。但你我都清楚，大學的就業輔導中心更可能知道，現今職場對於死守一個工作領域的人並不友善。如果有人希望你攻讀你不喜歡的主修，你不妨去找幾個能理解你的生涯輔導師，這位輔導師也許會願意找那些對你施壓的人談一談。

你可以採用下列這些比較不痛苦的方式，一方面增強你未來的市場，一方面也安撫你的家長。

一、善用你對於語言的熱愛，精通幾種外語。這可以為你打開其他國家與文化的大門，也是將來你履歷表上的附加優勢。

二、由於基層職位通常要求員工要熟練辦公室電腦軟體，你現在就開始學某幾種電腦軟體吧。你也許可以在打工的地方先學到這些技能，將來就趕得上辦公室的需求。或者你也可以在就學時先申請進入某家出版社實習，因為你已經會處理報表或使用繪圖軟體。

三、運用你對於多種事物都感興趣的特質，研習至少一門電腦課。這可以讓你認識軟體的基本原理，這方面知識足以幫助你應付不斷推陳出新的程式。

四、透過你的一兩項焦點愛好，在某團體裡取得領導地位。也許是擔任運動校隊的隊長、學校的社區服務團體代表、校刊編輯，或者是在學生會、學生服務社團等社團裡擔任幹部。

這些領導經驗在你日後找工作時都足以吸引雇主，而對你自行創業也有用，還可以幫助你更輕鬆轉換跑道。

另外，為了讓你所修習的各種科目具有實用性，你要留意你在每一個興趣領域所選修的課程數目。我有個客戶安妮，她按照自己的心意主修比較文學，副修歷

一邊工作，一邊讀書

如果你必須半工半讀，那麼就不要只找一般的工作，而是去找一份真工作。也就是說，試著找那種可以滿足你興趣焦點的有薪工作，好比說，你可以在工作的時候閱讀，或者可以讓你結識你最喜歡的興趣的相關專家。（想更了解如何選擇能夠推動愛好的工作，請參考第五章。）

史，她說：「除了比較文學與歷史，我還選修了德文、政治學和鋼琴表演。我在大學過得很開心，但現在我才知道，如果當初我再多修幾個學分，或者稍微調整課程組合，就可以讓這些科目變成我的第二副修。讀得這麼辛苦卻沒能拿到什麼證明，似乎挺浪費。」

還有一個很實際的做法。你可以刻意找出一種既可以反映你的愛好、又顯得很特殊的修課組合。假如安妮當初把她的英文主修結合了一個鋼琴主修或副修，畢業後她不但可以教授鋼琴，也很有機會撰寫樂評。一個以建築為主修科目的人，畢業後可能留在國內執業，但如果他對其他國家文化也有興趣，那麼以阿拉伯文為主修或副修，就有助於他前往中東地區尋找建築相關工作——假如他發現自己熱愛旅行，這可真就是個又方便又能賺錢的選擇。

該不該讀研究所？

你剛升上大四，在某個時刻浮出了一種似曾相識的感覺，彷彿回到高三那年，大家頻頻問你對未來做何打算。只不過現在他們想知道的是你大學畢業後的計畫。莫札特類型的人很輕鬆就能回答，因為多年來他們已經鎖定目標。但是對於擁有多種熱情的人類來說，這個問題他對自己都回答不了，如何回答別人呢。

這時，又是最適合利用「最在乎的五項價值觀」策略的時機了。也就是說，這時候，你得知道自己比較重視哪些東西，是善用理財方式保障財務安全比較重要，還是隨心所欲過生活比較重要。具有冒險精神的人，可能會一口答應室友的邀請，一起背上背包自助遊歐洲。但如果你比較在乎安全感，你可能不會去旅行，而是申請幾堂在未來有助於你跨入幾種事業的進階課程。這類課程能夠加強你的條件，幫助你應徵好工作；無論你以後如何改變興趣，「深造」也許才符合你目前的價值觀。

你會驚訝於碩士班課程的多樣性。舉例來說，你大概知道管理學碩士班對於管理、財務或創業都有所裨益，但它也有助於你在開發中國家的非政府組織找到工作。如果你迷上亞美尼亞或烏干達，一個ＭＢＡ頭銜就可以派上用場。像中小企業處這類政府組織或是紅十字會這類大型非營利組織，也會把ＭＢＡ學位視為額外優勢。其他領域的碩士班研究，可以為你打開許多扇窗，譬如國際關係或世界經濟學這類學位，可為你帶來環遊世界的機會；有些碩士學位能夠帶你進入處處驚喜、經常處境特殊的工作類型，例如刑事工作、緊急救助或深度新聞報導。

假如你考慮進入研究所深造，記住一件事：你會做某件事，不代表你就應該做那件事。也許依你的聰明才智來說，你進入（學士後）法學院或醫學院綽綽有餘，或者你才華洋溢，足以被頂尖藝術學院錄取，但你不要耗費珍貴歲月，背上大筆債務，投入那些你並不真心喜歡、並不被你列為熱情焦點的事物！每當我看到一個多面向發展的人才投資大量時間和金錢讀了研究所，卻在日後覺得被自己的職業綁住，無法活力充沛過生活，敞開心胸接受自己不斷改變的興趣，我總覺得難過。從這一點來說，對於那些讚賞你的學習熱忱、也許會敦促你跟隨他們腳步，進入他們的領域取得進一步成就的教授們，你應該小心一點。他們的鼓勵或許很有定心效果（甚至讓你樂得飄飄然），但鼓勵僅僅只是鼓勵。你的人生是你自己的，不是那些教授的。他們也許喜歡專注在學術世界裡做研究，但這對你來說不見得是樂趣。

進入企業世界的新人

進入企業界的第一份工作，可能會讓你覺得錯愕。大學時，至少大三大四那兩年，你都能掌控你大部分的時間，譬如你可以一週只上三天課，而且只要把指定作業完成，沒有人管你其他時間從事哪些愛好，也不管你是不是熬夜寫報告。現在，你每天花八小時以上，走進同一棟大樓，坐在同一個位置，面對同一張桌子，為同一個老闆做事，一星期五天，一年五十個星期。而且，天哪，周圍很多人年復一年做同樣的事情，他們難道不覺得可怕嗎！

你在進入職場的頭幾個月或頭幾年會學到很多東西，也可能更深入認識你這份工作、獲得認可、加了薪、甚至職務得到升遷。但是，你早晚還是會碰到本書所描述的危機。

如果你很警醒，一直都知道自己擁有多方面的興趣，而你在進入社會的第一天就知道自己不是莫札特那種專注一件事的人；你也自知，在那種只獎勵努力付出與忠誠態度的企業裡，你不太可能多麼開心，那麼你該如何面對你的第一份工作？你的角色已經從學生轉換為某家公司的員工，這時你該如何在經常改變企業文化裡保有自己的熱情焦點？

如果你正在費心應付上述問題，以下給你四個竅門。

首先，不要做過頭。

上班的頭幾個月，你可能會工作到深夜，週末也加班。這是你的學習曲線快速升高的階段。而你也可能把工作之外所剩不多的時間用來摸索成年世界：布置你新近的租處、在這座新城市裡探索、自己燒飯。你可能覺得這些經驗讓你生氣蓬勃，但如果你的工作不是你的熱情焦點，而你又沒時間投入自己的興趣，你也許漸漸覺得對生活失望。

你得接受現實，知道你需要時間來適應新生活。你的住處很快會布置妥當，等你習慣了工作環境，這時你比較能清楚判斷這份工作能不能真正滿足你。我認識一個聰明絕頂的文藝復興靈魂，拉卡希．沙地亞（Rakesh Satyal），他把自己社會新鮮人的生活與他在普林斯頓大學大一那年做了對照。大一時，他想盡辦法讀完各科目的建議書單上所列出的全部書籍與參考資料。一陣子之後，他發現就算只是略讀某些指定閱讀，甚至完全不讀，也能掌握那一堂課的內容。「進入美國企業之後，我又像大一時候那樣。」他回想：「我花了不少時間才摸索出這份工作的界限與節奏。我一開始不明白，為什麼上司會跟我說：『你還在這裡幹什麼？快回家！』最後我終於懂了每一個多面向發展人才一開始就該知道的事：經過了最初那段適應期之後，你要開始抽出時間給自己。因為一直忽略自己那些熱情是很危險的事，這樣下去，你有一天就會認不得自己喜歡的事物了。」

剛開始工作時，你很可能會想要仿效那些個打算把一輩子都奉獻給工作的同事——如果你把工作納入你目前的熱情焦點組合，這樣做當然沒問題，但如果你不是，而你想同時投入別的事物，你就得小心。年輕時候養成的習慣通常可以持續一輩子；對你這種興趣廣泛多變的人來說，務必要一直貼近自己的興趣焦點。

其次，你要善用工作之外的時間。

對你來說，時間管理始終是一種挑戰。（本書第十章會列出多項策略，專門討論時間管理的課題。）你要訓練自己的抵抗力，面對種種吸引人的事物。

不要落入「起床—工作—吃飯—看電視—睡覺」這種作息，而應該盡可能有意識地善用工作之餘的時間。也許你得比讀大學的時候早睡早起，才能不被工作耗盡精力，有餘裕從事其他興趣。也許你的新住處可以不要買電視機。如果你的行程和預算容許你每星期騰出一個晚上外出，你可以選擇你所喜愛的音樂會或讀詩會。

第三，你要知道自己是為了什麼而來到這裡，做這份工作。

如果你找到的只是一份基層工作，負責安排老闆的行程、倒咖啡之類的差事，你可能會想：這有什麼意義？等到我能承擔大任的時候，我可能對這一行失去興趣，改做完全不一樣的事！這是個好問題。但是，你擁有多種不斷改變的興趣，並不表示你不能度過一段有意義的工作時光。對於興趣多元的人來說，他們通常會花長達十年以上的時間把所有精力放在一個熱情焦點上，而後再進行下一項熱情。至於那些在「工作傘」之下同時進行幾種興趣的人，也可能做一份工作十幾年。真正的多面向發展人才，是在精通了某個熱情焦點、變得厭倦之後，才會改變自己的焦點組合。多面向發展人才可不是「跳跳蟲」（Change Junkie）——套用美國作家布朗森（Po Bronson）在《這輩子，你想做什麼？》（*What Should I Do with My Life?*）一書裡使用的生動比喻——譬如這類人裡面很多都喜歡學習外語，他們很少在背誦了初級的動詞變化表之後就停下來，因為他們知道學習新語言的樂趣才正要開始。企業界的工作也一樣，如果你知道，做過了必要的基層工作之後，才開始要學習如何嫻熟這個領域，你的精力與興趣就可以維持得更久。當然，工作環境裡如果有很多志趣相投的夥伴，這會很有幫助。

所以，或許你一開始只是為文件歸檔，或者只能參與幾個小小的會議，但如果你決意盡可能多多學習，你就可能比別人更早脫離基層工作。本書第二章提到了一位曾在銳跑集團擔任總裁的女性，還記得嗎？她奠定成功基礎的方式是向所有部門的人請益。

或許，你很樂意在企業裡晉級幾層，但你很清楚自己不想為了當上高階主管而做出某些重大犧牲；這也無妨，你還是能累積許多經驗，未來也許能帶領你進入其他事業或興趣。

在此同時，如果你的職位與你的某項熱情焦點是有交集的，你就可以把這份基層工作視為你的「真工作」。你不是為了工作而工作，而是把這份工作視為執行你的熱情焦點的工具。假設你是助理，負責張羅公司會議的辦公室，你就比那些位居中階的同事有更多機會在大人物面前曝光，不妨善用機會向這些高手學習，或者巧妙建立關係。如果你的公司提供了課程讓你可以更深入你的某個興趣焦點，你就該去上那些課。你也可以請公司准許你使用某些你在其他地方不容易找到的設備。這就能讓你有時間投入其他興趣。

最後一點，不要變成薪水的奴隸。

前面提到的拉卡希，他運氣不錯，第一份工作就能配合他的興趣。有些人找了一份能帶來收入又能接近自己熱情焦點的工作。不過，假如你選擇這份工作的最主要原因是為了高薪，因而進入了一個需要長時間工作的領域，譬如財務規劃或法律，你就要確認這份工作會不會損壞你的生活。我先前說過，如果你的同事都是專心大師，只想做一件事，吃喝拉撒睡都在想工作，那麼他們這種態度對你會有危險的傳染力。對他們來說，比賽誰先爬到階梯頂端是很刺激的活動，可以帶來成就感。但是對於你這種具有多面向特質的人來說，最重要的是保有夢想。別忘記，你來到這裡的理由與那些同事不一樣：你是為了薪水，為了達成某個階段性的財務目標，而不是要一輩子留在這裡。

我有些客戶，為了向自己強調這項事實，就在銀行裡開設了幾個帳戶，其中一個是「夢想基金」；讓夢想基金的成長提醒自己：給了你這份薪水的世界，不是你想停駐的世界。以瑞斯為例，他大學畢業後的第一份全職工作是在電話公司當經理。他需要高出一般水準的薪水幫他付清大學助學貸款，但他真正的夢想是成為駕駛飛機的機師。因此每當他的薪水匯入銀行帳戶後，他就去自動櫃員機提領一筆現金，那是他的「駕駛訓練費用」。他說：「我很喜歡定期看到自己捧著這幾張鈔票，然後把錢存進我的熱情焦點帳戶裡。每一張從櫃員機出來的鈔票都像是一塊交通標誌，上面寫著：『瑞斯，你沒走錯路，你現在坐在公司的車上，前往你想去的地方！』」

高中畢業生能做哪些工作

許多高中畢業生一離校就想盡快工作。當你進入職場，多面向發展的特質對你來說可是一大利多！

這是因為，你將會用與同儕截然不同的眼光來看待你的第一份全職有薪工作。別人可能會被找尋終生事業這種壓力擊垮，或者因為找不到有趣的工作而委靡不振，但你不一樣。因為你知道，真正能代表你這個人的，不是你所找到的工作，而是你那些熱情焦點。許多像你這樣的多面向發展人才，會去找一份能夠讓自己的熱情焦點往前進展的工作，這表示你是為了明確的目的而花時間在這份工作上。

我向一個高中畢業生的家長說了上述觀點，他看著我，一副我是神經病的樣子：「你知道一個高中畢業生能找到什麼樣的工作嗎？薪水低又沒前途的超市員工，超級沒地位的幼稚園助理，或者當警衛工友，就是這樣而已。這類工作，如何讓一個未滿二十歲的小孩子寄託他那些想得美的熱情？」

我瘋了嗎？先來看一看真實生活的場景吧。安德魯高中畢業後的第一份工作，是在高中母校附近的快餐店當最低薪資員工。他來找我的時候，覺得人生無趣、情緒低落，痛恨他工作的每一分鐘。他討厭告訴別人自己在那種「蠢地方」上班，而他已經因為被指出他「缺乏熱忱」而與主管鬧過幾次不愉快——我一點都不意外，因為他是個多面向發展的人才。他跟我說，他熱愛古董飛機，喜歡花時間在他的舊福特野馬跑車上，而且他在組織事物時都會感受到一股衝勁。他說：「我很會分析事物，組織東西。我媽整修廚房後都讓我負責歸類整理。」

我讓安德魯明白，他需要的不是無聊工作，而是一份可以幫助他享受他熱情的有薪工作。他聽後認為，自己不能再待在速食店工作了。但他能找什麼其他的工作呢？他在學校的成績不佳，他也沒擁有什麼值得向職場推銷的技能。他似乎注定只能做餐廳或零售業的基層工作。

我說，從零售業的基層工作開始，有什麼不對？他還年輕，只要能夠在工作的地方滿足他一項以上的興趣，這份工作就沒有不好。所以，安德魯後來想做的有薪工作是什麼呢？他在機場附近找到一家販賣飛機零件的商店，在那兒當倉管人員。他工作得如何呢？首先，他非常高興有機會運用自己的組織能力，設計出一套有效率的隔架與置物方法；更重要的是，顧客與同事知道了他對老飛機頗有研究。很快的，對於螺旋槳或引擎這種專門知識有疑問的飛機主人，開始指名找他。他被升任，調到櫃台工作，在機場這一帶小有名氣。有幾位他遇過的飛機主人還給他機會，讓他在下班後駕駛他們的飛機。

後來，安德魯代表老闆參加了一場飛機維修保養商品展。在展場上，他除了為店裡採購，也結交了幾個擁有第一次世界大戰時期飛機的人。他本來就對這類型飛機十分著迷。安德魯和一位老先生攀談，老先生說想雇用他幫忙維護飛機，並擴充飛機收藏。當這位老先生聯絡安德魯的老闆，請問老闆有沒有大力推薦安德魯？當然有啦。

我聽到的最新進展是，安德魯跟著這位老先生的古董飛機飛到全美各地參加各種展覽，而且老先生還幫他付錢，讓他去上航空科技職訓的課。

這種設計人生藍圖的技巧，康蘇拉也採用來尋找她高中畢業後的第一份有薪工作。她與高中時代情人結了婚，懷了頭一胎，從財務角度來說，她根本不必想升大學了。於是她去市立大學應徵了那兒的幫傭與廚房職缺。這種工作的員工流動率高，所以康蘇拉很快就找到一份幫傭工作。康蘇拉最有資格告訴你，打掃宿舍臥室的工作糟糕透頂。那麼，像她這樣一個喜愛學習新事物的人為什麼會接受這麼無聊的工作？因為這工作使她可以減免該校的入學學費，此外她還可以享有員工福利，去上職涯發展、生活技巧訓練或領導力發展的研習課

金錢的滋味與誘惑

一份有薪工作讓你初嘗金錢的滋味，無論數目多少，都請你好好享受。不過，由於你一定會漸漸想要過自由又充滿變化的生活，因此你應該格外小心，別為了買不重要的小東西而背債，不要購買分期付款金額過高的新車。別忘了，你想要的是一個有彈性的人生。沉重的債務──況且你是為了你並不真正需要的東西而負債──只會阻礙你投入你的熱情。

程。她的工作上司甚至接到指令，必須讓她在某些工作時段去上這些課程。

所以啦，你還是能把一份低薪的基層工作轉化成與你的熱情焦點有關。但如果你用深具創意的眼光來看待你的熱情，你會發現你可以選擇做別的工作。我的客戶邦妮就是個好例子。她很喜歡為老人工作，高中時代就曾經在安養院與老人中心當過短期義工。她在高中的法文課充分學習，很想繼續升大學。事實上，邦妮已經得到一份獎學金，但家人突然生病，醫療費很龐大，使得她沒有餘錢付學費、買書、旅行或支付雜項開支。於是邦妮延後一年入學，並且採用本書第七章提出的「動腦大會」技巧，想出一個很不錯的做法：她陪伴那些想拜訪法國的寂寞富孀出國旅行。邦妮用她當義工時建立的關係，整理出一份名單，然後她在九個月裡與幾位她喜歡的老太太六度造訪了她心愛的法國，所有費用都由別人支付。那麼她如何運用她的薪水呢？她把錢存起來，一直存到夠她用這筆錢補足獎學金所欠缺的部分。那些對她讚譽有加的推薦信，她一一保存起來——誰知道她繼續前進的路上，這些推薦信會在什麼時候派上用場！

一邊學習，一邊賺錢

你不打算高中一畢業就進大學，你還是能找到學習機會。許多工作都能讓你在賺錢之餘學習相關技能。例如你在工會當學徒，雖然你賺的錢比不上全職人員，但你不必在「學習」與「賺錢」之間二選一。許多陶藝家在擔任助理的時候發展出技巧。許多演員會告訴你，他們在小型社區活動中心或外百老匯的小型舞台劇場工作的時候，學到的東西比去上課還多。如果你喜歡為別人介紹適合他的理想房屋與社區，你可以去上課準備考房地產經紀人執業資格，其他的就邊做邊學。我的客戶蘇珊受訓成為放射技師，她完全在工作中學習。

高中畢業的賴瑞，不需要跟大部分青少年走同樣的路。賴瑞的父親用他的鋪路生意為賴瑞「鋪」了一條人生路，他要兒子們高中畢業後都進他的公司工作，做一輩子。賴瑞的兩個哥哥都不是那種興趣廣泛的人，認為自己運氣很好能有這種老爸。事實上，有些人在高中畢業後就直接進入家族事業，並不是因為他們喜歡那個事業，而是出於熟悉，而且這比自己闖蕩來得輕鬆。他們對自己說，他們當然不會在這裡待一輩子，但他們不知道，一旦在舒適的工作環境安定下來之後，想離開是多麼困難的事。但賴瑞沒有掉入這個陷阱，他反而害怕加入家族事業。他為什麼要和父親一樣，七十三歲了還在街上鋪馬路？賴瑞努力思考他能有什麼別的選擇，他發現自己並不知道自己喜歡什麼事物，只知道自己不想整天只做一件事；開著柏油車直到退休，聽起來比坐牢還慘。

賴瑞慢慢對於自己的多面向發展本質與內在渴望有了認識，他明白了自己想創業。他還不知道自己想做什麼生意，但他很喜歡「當家作主」的感覺，喜歡同時執行多項職責——這時候，他對於進入家族事業突然有了全新看法。賴瑞心存感激，把鋪路公司轉變為他的真工作。他抱著開公司的夢想，盡力參與家族事業的各個環節。父親要兒子們都從基層職位開始做，他不覺得有障礙，因為他想看到各個細節如何共同完成一件事。聰明的他，特意擔任家族代表，加入了當地大學開設的「家族事業中心」。

到了賴瑞覺得準備妥當的時候，他向父親表明自己想讀商學院，最後自行創業。父親先是大吃一驚，但出乎賴瑞意料之外，父親接下來反而把他推上他的人生路。「兒子，如果你想出去闖，而且想開公司，要不要乾脆經營一家製造精良鋪路機的公司？那些老舊鋪路機都不適用了，你看這年頭的馬路到處坑坑疤疤。」誰知道賴瑞最後會不會做這一行（也不知道他想做多久！），但父親的建議必然會在他撰寫商學院入學申請書的時候，有一個明確的焦點可以發揮。

你的工作方式

找工作的時候，你得找出最適合自己的工作風格。年紀稍長的多面向發展人才，擁有比較多的生活歷練與工作經驗：他們可以回顧過去的工作，從中發掘自己在哪些時候活躍，哪些時候則否。他們有夠多經驗幫助自己思考，他們比較適合為別人工作，還是獨立作業？比較適合連續長時間工作四天，然後休三天假，還是根本受不了長時間工作？

對社會新鮮人來說，你還是要盡可能找出適合你的工作方式，弄清楚自己想不想獨立作業、打卡上班、在戶外工作。如果工作環境不適合你，可能會讓你沮喪，懷疑自己的能力，這對一個多面向發展人才來說特別危險，因為你們本來就受夠了「怪胎」、「優柔寡斷」這類批評。

下面這個練習可以幫助你看清你適合怎樣的工作方式。盡可能詳細回答，並寫下來。然後把這些問題拿去請教你身邊對你熟悉的人（最少問六個人）。這些答案可以幫助你評估你所考慮的機會裡面哪些比較適合你。

無薪事業：家管與養兒育女

我很喜歡一張汽車貼紙的文案：「全天下的媽媽都是職業婦女！」操持家務、生兒育女，都領不到薪水做為報酬，但很多年輕人（通常是女性）大都會選擇在家，而非上大學或工作賺錢。這年頭很少人稱頌母性或家管的角色，但假如你已經思索過你的幾種選項，而且你有收入來源，那麼在家當主婦倒是有不少好處。

第一個好處是，你很可以把生活過得非常有變化。在家過日子，讓你有機會經常變更三餐菜單，調整家具的安置與擺設，設計親子活動。這種多樣性非常有益於你熱愛變化的靈魂，而且即使預算十分有限也不礙事。我認識一個手頭拮据的母親，她每個星期天煮一大鍋米飯，然後每天設計不同菜色，週一是印度咖哩、週二配番茄醬、週三吃蔬菜拌豆腐等等，以此讓烹飪變得更有趣。多年前來找我諮詢的一位客戶，也享有類似的樂趣：只要天氣許可，她每星期六下午就帶家裡三個好動的小男孩到各個國家公園、森林或瀑布玩耍。她無法預知孩子們會看到什麼樣的鳥或美麗石頭；孩子跳過腐木，或在頭一次見到的小溪上跨越溪中大石的時候，會發現什麼迷人事物呢？不必花大

適合你的工作方式

□我適合為人工作，還是應該自己當老闆？

□我能應付自雇事業的不穩定現金流動狀況，還是需要有固定薪水？

□我善於達成別人的要求嗎？我能不能聽從指揮？能不能準時完成任務？

□我善於自動自發執行計畫嗎？我遇到困難時仍能堅持嗎？

□我能不能承認錯誤，並從錯誤中學習？

□我能不能承認我不懂，並尋求協助？

□我需要在戶外工作，勞動身體，還是比較適合辦公室裡的工作？

□我比較適合團隊合作，還是獨立作業？

錢買電影票，買爆米花和汽水的錢也省了。

理家和執行親職也需要心力，而這些人可以決定自己想在什麼時候做哪些事。這表示你可以用更具彈性的方式運用時間。想做體能工作的時候，你可以擦窗、和孩子賽跑上山、清理櫥櫃；當你想靜靜坐著，你可以讀故事給孩子聽、記帳，或在孩子聽有聲讀物的時候摺疊洗好的衣物。

但你還是要注意某些風險。許多高中畢業後很快就成為父母的年輕人，發現自己在未來幾年不太能有什麼選擇；這不只是因為要花時間照顧小孩，也因為養家的經濟壓力使然。而且，就算你把理家和親職做得創意十足，你還是得面對令人生畏的日常例行工作。你很容易就會厭惡這樣的角色。所以，你應該努力維繫你的至少一項興趣，以此把你的心思帶到家庭以外，雖然你的身體走不開。利用網路、電話或圖書館等資源，為自己找一位前輩導師，或者花時間與朋友做腦力激盪。說不定你因此學會在家做生意，貼近了你的某個熱情焦點，讓你與（有薪水可領的）職場保持聯繫——畢竟你是一個對多種事物感興趣的人，所以你「一直」待在家裡的機率實在很低。

放自己一年假

無論你對於未來有何計畫，你都可能會希望（高中或大學）畢業後能先放一年假。你需要在面對未來之前、在接受下一階段的教育之前，先休息一陣子。也許你想給自己一點時間探索自己在乎哪些事物，確認自己的熱情所在。你甚至打定主意要在踏出下一步之前，先讓自己花一段時間「長大」。

如果你正在考慮休息一段時間，不妨記得以下幾點：

- 你的同志多得是。許多成功人士年輕時候都曾給自己一段休息時間。美國作家愛默生（Ralph Waldo Emerson）覺得驚訝，為什麼偉大的詩人惠特曼（Walt Whitman）沒有更早出版作品。惠特曼對此的回應是：「我在小火慢燉。」
- 「放假」一年，不表示你在這一年就不能為你的履歷表加入強項。能說兩、三種外語，深入了解其他文化，操作特殊設備，這些經歷都會被大學招生組和雇主視為加分項目。你也許可以先暫緩你攀爬國內大山的計畫，改為前往其他國家健行，而且最好是可以讓你練習你所學過的語言，又帶著錄影設備記錄下過程。回國之後，你在申請大學或工作時可能就比其他競爭者多了些優勢。
- 暫別校園環境或者工作壓力一年，不表示你也離開了自己的熱情焦點。如果你對考古學有興趣，不妨看看麥克羅斯基（Eric McCloskey）編纂的《考古志工》（*Archaeo-Volunteers: The World Guide to Archaeological and Heritage Volunteering*）一書。如果你想從事助人工作，也渴望看看世界，不妨閱讀柯林斯（Joseph Collins）的《如何實現海外志工夢想》（*How to Live Your Dream of Volunteering*

Overseas）及類似書籍。

還有沒有其他可能？

一個喜歡朝多面向發展的人，可能會在幾種可能性裡都看到好處：升大學有好處；工作有好處；待在家裡養小孩也有好處；休假當然也很好。所以，最重要的問題或許是：「我該如何從這些道路中選一條來走？」幸好你這輩子有的是時間把每件事都做到，但你可能得先選其中一兩項作為起步。如果你實在不知道自己想做什麼，你可能會想求教於某位睿智的長輩、顧問或人生教練。你也可以檢視自己現在的熱情焦點，把它們視為導引。拿著你的熱情焦點清單，問自己：

- 哪一個選項最能讓我的熱情焦點往前進？
- 哪一個選項帶來的限制最少？
- 哪一個選項最能引起我的興趣？

認真思考，誠實面對自己的答案。這可以幫助你挑選適合自己的道路，做出至少在現階段對你有利的決定。

PART FOUR

理想的生活

9

勇敢做承諾

我確認了自己的四個熱情焦點了，而且我的空巢期因此似乎變得精彩很多。但我該如何知道自己選對了焦點組合呢？我不想把大量時間與精力投入這些事物之後，才發現自己走錯了路。

——凱瑟琳，四十八歲

你已經準備好，要根據你的第一組熱情焦點來過生活。想過著從事多種興趣的人生，首先要設定目標；而設定目標的過程，應該要能適合你的思考與行動模式。你可能早就不用「未來五年計畫」這一類的傳統目標設定法，因為這種方式需要長期投入，並且一個步驟接著一個步驟執行（不容許分心）。但是，這不表示你不能或不該採用其他規劃法。研究一再顯示，那些嘴上掛著「等我有空，我就會去做」或「我總有一天會朝那個目標努力」這種話的人，連自己的夢想是什麼都畫不出一個輪廓。

如果你沒辦法承諾自己可以投入，你就算設定了目標也不會有用處。所以，先讓我介紹一種對於多面向發展特質來說最有用的工具之一：PRISM測驗。

PRISM測驗：讓你更敢做承諾

PRISM測驗（「稜鏡測驗」）可以嚴格評估你目前的熱情焦點組合。就像光線穿過稜鏡之後輻射出色彩，這份測驗也能以新的角度幫助你檢驗自己的熱情，釐清模糊之處，確認你最終的選擇。

為什麼PRISM測驗對於多面向發展的人如此重要？這就要回到一個老問題了：你的自我懷疑。因為你先前決定要做的事往往無法長久持續，而你明白自己很快又會受到其他選擇的誘惑，這使得你對於自己的選擇沒把握。一旦你透過PRISM測驗來檢驗自己的興趣與熱情，你日後質疑自己的機會將會減少，而比較可能持之以恆，並從熱情焦點中獲得滿足。

你不必在一次測驗裡評估你所有感興趣的事物。許多人喜歡一次加一項焦點進入生活裡，慢慢讓這個焦點組合的項目達到他們最適意的數量。如果你還不確定自己想先嘗試哪個或哪些焦點，大可再花點時間琢磨，然後再來讀本書的這一段測驗。

到這裡，我一直鼓勵你用概略的方式來思考你的熱情焦點。有人把「寫作」列入，有人則可能想「當個好爸爸」。這種開放性是很好的出發點，讓你保有最大的彈性來斟酌、腦力激盪、思考如何兼顧興趣與收入。不過在開始做PRISM測驗之前，你必須更認清這是一個什麼樣的測驗。花點時間修訂你的熱情焦點，對它們做出更精確的陳述。想寫作的人可以簡單寫下：「我想寫小說，然後出版它。」想當好爸爸的人則可以寫：「我要更積極參與兒子的活動。」

為自己的熱情焦點寫下更精確的陳述之後，便可透過PRISM測驗來檢視這些焦點，察看它們是否包含五項要素：代價（Price）、現實（Reality）、完整（Integrity）、明確（Specificity）、可測量（Measurability）。

P：代價

你為了追求這個熱情焦點，要付出多少代價？不僅是支出的金錢數目，也包括要付出多少時間、承擔多少情緒壓力，所愛的人會為你做出哪些犧牲。本書第三章提到的愛咪，她若想贏得東北區射箭冠軍必須接受全天候訓練，對她而言，這件事需要付出太高昂的代價，於是她把目標改為取得參賽資格即可。

有時候你得深入探索內心，才能在降低代價的同時仍然保有熱情焦點的本質。以我的客戶薇琪為例，她滿腦子想去法國，為了湊足旅費，她身兼兩份工作，因而忽略了通常能使她保持平靜的瑜伽與寫詩。幾個月後她精疲力竭，但仍決意要讓夢想成真。那麼我們來檢視薇琪想從法國之旅得到什麼呢？原來她很喜歡身邊圍繞著說法語的人。為了把追求這項目標所造成的經濟與情緒壓力降低，薇琪掌握了這個熱情焦點的本質（讓身邊圍繞著說法語的人），放棄了昂貴、需要她身兼二職才能賺足旅費的法國之旅，改為前往說法語的加拿大魁北克。

R：現實

投入熱情焦點，你會碰到哪些每日都得上演的現實？不少人因為自己喜愛去宗教修習中心，所以也想經營一處類似場所。但去修習中心當遊客和自己經營修習中心，是兩碼子事。當你檢視自己的熱情焦點，不要只問自己如何達到目標，也要問自己：目標達成後，你能不能喜歡每天的實際生活。

我的客戶蘇西有意就讀醫學院，但她認為，現今的行醫方式是讓病患擠在候診室、醫生迅速完成十五分鐘診療，這種壓力不是她理想中的生活。對她來說，行醫的本質在於恢復健康。既然她也對傳統中醫相當感興趣，於是她決定轉攻中醫課程。如今她成為私人診所的針灸師，可以用最適合自己生活方式的步調來工作。

對學生來說，大學頭兩年是決定主修科目之前檢視現實的好時機。一名喜愛參觀天文館的學生，修了一門天文學課之後才發現，這門主修科目要求學生花更多時間翻閱科學讀物，而不是一直凝望天上星星。

I：完整

由於多面向發展人才常常被各種事物吸引，包括那些不在他們重要焦點之列的事物，因此，說明你為什麼認為某個焦點值得你投入，會是很好的練習。試想這項事物能不能讓你恢復遊戲心情？這項活動能激發你的孩子產生靈感嗎？它能讓你發揮自己的色彩與設計感嗎？花點時間寫下理由說明自己為什麼想投入某項興趣，可讓你保持住這幾項最能彰顯你靈魂特質的選擇，並從中了解自己是否錯認了某項活動是自己重視的價值。

S：明確

僅僅說你想「協助並關懷他人」是不夠的。你想協助誰？關懷什麼？如何做到？把你的熱情焦點說成「我想幫助他人」，不如精確說明：「我想在收容所工作，想陪伴來日無多的病童畫畫，好減輕他們的恐懼」。你唯有提出了明確的陳述，日後才能知道自己是不是已經追求到了這項熱情焦點。

從這點來看，我們必須記住，「成功」對於多面向發展人才來說是個敏感主題。由於這種人經常被責怪為容易分心、靜不下來，甚至瘋癲古怪，而這些特質推翻了傳統認知上的成就定義。因此在做PRISM測驗的這個「明確」檢驗時，請回想多面向發展人才的特質之一：我們認為的成功，不是別人認為的成功。我們知道有時候成功不在於結果，而在於過程。因此當你在描述對於你的熱情焦點來說怎樣才算是「成功」的時候，你要問自己：什麼是「重要的」。你想在全市裡開發所有可建屋的地點，掌握新挑戰，建立新知識，最後成為億萬企業的領導人？好極了！還是說你只想買一處房屋，學習建造房屋的流程？這也很棒！兩種方式都可以成立，重點在於「你認為」什麼是重要的。

你也可以用PRISM測驗的這個「明確」標準來檢驗你是不是把目標定義得太狹隘，以至於侷限了你的抱負。唐諾是個郵差，他一直苦惱於手套的問題：該選保暖手套呢，還是該選能夠讓他靈活運用手指的手套。因此唐諾決定自己設計出既溫暖又方便手指活動的手套，他把這件事列為熱情焦點之一。當唐諾透過PRISM測驗來檢視自己的陳述，發現他的定義太設限了，其實他有興趣開發一系列的功能外衣，不只是開發新手套而已。

唯有明確，才能讓夢想變得具體，出現輪廓。當你明確知道了是哪些事物構成成功，你才能對自己和別人描述你的渴望，好讓別人能提供適當協助。萊絲麗是個健身狂，她說：「每當我迷上一種新運動，我都會在晚餐時說『我打算學一陣子瑜伽』之類的話。大家聽了只是微笑，低頭繼續吃飯。但最近我開始為自己建立明確的目標，譬如我要跑一場迷你馬拉松。當我宣布那些目標時，家族的人會來問我的進度，說要幫我照顧女兒，好讓我能去跑長一點的距離。他們喜歡在我的活動中參一腳，雖然他們知道我所做的活動變來變去。」

M：可測量

每條熱情焦點陳述都必須包含日期和其他數字。需要多少小時、成果或專業學位？光說你想在收容所工作，卻沒有設定達成目標的日期，不會讓你有急迫感，促使你做出承諾。「很快」或「今年後」不是管用的期限。你想的是下星期起擔任收容所義工？下學期開始在孩子上課時間出去兼差？五年內取得藝術治療師學位？多久成為主管？

到這裡，你腦子裡可能警鈴大作，想著：「我又要被釘住，被圍起來，被堵死了！」這是正常反應。因為你一向以來都處在欠缺彈性的嚴格計畫裡。你小時候想參加體操課程，但雙親說你必須至少持續上課一年才可以，雖然你早就翻出漂亮的筋斗，打算學其他事兒。或者你參加了一門教導如何設定目標的課程，強迫自己列出「五年內開一家古董店」的計畫，但三年剛滿，你轉對拍賣工作感興趣，那個被你放棄的開店計畫看起來像是又一樁失敗的證據。

對於設定日期感到不安，這沒關係；但你還是要設定日期，只不過你要合乎實際。你也許希望在幾個月內就完成一個熱情焦點，不要花幾年。但你要切記，這個設定期限的目的在於幫助你同時專注於幾種興趣，而設定了日期有助於你勾勒藍圖、採取實際步驟，使你的愛好開花結果。

換個角度來看

在你用ＰＲＩＳＭ測驗檢視你的熱情焦點之前，我要再提醒你一件事。如果你以前就知道其他的目標設定法，那麼你很可能會認為，目標設定法可以讓你在最短時間內達成最了不起的結果。但是ＰＲＩＳＭ測驗的目標不在於把你打點好、讓你上場衝刺，而是為你打開一扇窗，以迎向更充實的生命。

在你用ＰＲＩＳＭ測驗來檢視自己的熱情焦點時，務必時時記住「你是誰」。在過程中要花時間思考你自己的本質：你喜歡順著感覺走，喜歡根據當下的身心狀況來調整日常雜務嗎？如果你是這種人，就不要設定那種需要時時刻刻保持工作狀態才能達成的期限。假如你的預算有限，就不要背負債務。你在壓力之下更有生產力嗎？若是，你當然就可以盡量設定緊湊但合理的期限，向自己挑戰。

找出你的意向

你可能沒有真正做出承諾的經驗，因此也不曾學會用哪些基本技巧來保持毅力。我多年來協助別人建立熱情焦點，發現了一個能讓多面向發展人才更容易做出承諾的關鍵。

這個關鍵是：對於自己的意向抱持誠實而實際的態度。而首先你必須先體認到一件在多面向發展人才生命中恆常存在的事實：實踐這種多面向發展的生活方式，將會有甘有苦。為自己找出全新方向確實能帶來樂趣，你會像義大利文藝復興時代的探險家一樣，發現新世界、新視野，甚至因探險而致富。但是航向未知也可能為你開啟一道通往恐懼、不安、痛苦連連的門。

我的客戶琳恩，是一位律己甚嚴而堅持不懈的發明家。但琳恩難以信任他人。她害怕有人會盜用她的點子，以至於她剛開始甚至不敢找一位導師來分享她的繪圖，不敢向當地小企業中心的專家尋求建議。除非她變得比較能夠信任他人，否則她的計畫永遠不會有問世的一天。

瓊安是個天分洋溢的水彩畫家，她知道自己必須更腳踏實地才行。她住的小社區裡，很多人多次拜託她收他們當學生，或者建議她在家裡開設兒童美術班。然而她出身於大家庭，家人不認為繪畫算什麼「真正的工作」，一直期望她去當司機、服務生或家庭治療師以幫助家計。瓊安從小被教導成要取悅別人、服務別人，而把自己擺在最後。每當周圍出現龐大壓力要她點頭，她實在很難拒絕。這樣一來她還有時間作畫嗎？

吉姆決定離開他經營得相當成功的營造事業，成立一家新公司，協助小企業轉型為數位化。他在面對激烈競爭的家族事業裡打滾多年，深知何謂腳踏實地。但他說：「我從來沒有自己創業，我父親在我還幫不上他忙的時候完成這份艱難的創業大事。

PRISM測驗

根據下列問題，寫下你的回答。給自己充分時間思索。有人需要好幾天，甚至幾個星期的時間來完成必要的探索，不過，經過疑惑與思索之後所產生的確定感，將會使你覺得花在這份測驗的時間值回票價。

PRISM測驗題

□代價：達成熱情焦點，需要付出多少代價？

□現實：假如從事了這項熱情焦點，哪些事是每天必須做的？

□完整：你為什麼認為這個熱情焦點值得投入？

□明確：你能用明確的字眼定義自己的熱情焦點嗎？

□可測量：你如何測量得知你在某個熱情焦點上是否已經成功？你希望什麼日期之前完成？你一天想花多少時間在這件事上？你想創造出多少成果？

我對於『新公司要花三年才能損益兩平』這類經常聽到的話很沒耐性，但我也擔心自己會放棄創業的想法，又回到大筆金錢流動和家族壓力的環境，雖然我明知我這樣做是天大的錯誤！」

琳恩、瓊安和吉姆都是勇敢的人。他們後來都沒有選擇安穩的做法，反而讓自己處於不見得舒服的狀態。他們的熱情，要求他們為自己找到資源，譬如對別人的信任、對自己的信心或是耐心。「意向」就在這個地方發揮了作用。你需要藉由辨認自己內在的「意向」來幫助自己投入興趣之中。找出你的心意之所趨，有助於你訂出必要步驟，實踐熱情。

下頁的表中列出數種可能的意向。瀏覽一遍這份清單，從中挑出兩項你認為對於你的熱情焦點相當重要、但你很難做到的意向。譬如你天生愛社交，但很難控制預算，那麼你不必刻意變得「外向」，而是要專注於變得「節儉」。

我的客戶傑森想趕在結婚四十週年紀念日之前，建造一艘白樺獨木舟，帶到緬因州旅行。他以下列方式詳細說明自己的兩個意向：

> 我有意變得更勇敢，能坦承自己對於建造這門學問所知不多，更不懂如何建造獨木舟。我要變得更勇敢，才能做到我想用這個熱情焦點達成的事。
>
> 我有意變得更有活力，讓我能應付建造一艘獨木舟在體力上的挑戰。我要變得

我有意變得……

言語有力	慷慨	精確
大膽	真誠	多產
勇敢	腳踏實地	可靠
樂於關心別人	誠實	有彈性
有重心	謙卑	聰明
自信	幽默	用功
願意與人合作	充滿想像力	有條不紊
有創意	輕鬆愉快	厚臉皮
奉獻	老練	徹底
果斷	不害羞	寬容
有紀律	開放	信任他人
節儉	有原創力	善體人意
有效率	條理分明	活潑
充滿活力	外向	脆弱
善於變通	膽大妄為	樂意付出
專注	堅持不懈	

更有活力，才能做到我想用這個熱情焦點達成的事。

卡蘿一直很想召集一群女性共同製作布品，分送給癌症病房的兒童當耶誕禮物。但她一想到要接觸陌生人就覺得討厭。她還擔心自己會使得布品塞爆她的房子。以下是她找出的個人意向：

我有意變得不害羞，敢開口找其他女性加入這項計畫。我要變得更不害羞，才能做到我想用這個熱情焦點達成的事。

我有意變得更有條不紊，每週都整理好我所需要的材料。我要變得更有條不紊，才能做到我想用這個熱情焦點達成的事。

艾黛拉想在餘暇開一間非營利性的稅務諮詢中心。她的意向如下：

我有意變得更善體人意，好讓我回應大眾對於稅務的無知，以及在金錢管理訓練方面的不足。我要變得更善體人意，才能做到我想用這個熱情焦點達成的事。

我有意變得更用功，學習管理非營利機構所需要的一切知識。我要變得更用功，才能做到我想用這個熱情焦點達成的事。

現在輪到你來填寫你的空格了：

我有意變得更＿＿＿＿＿＿，才能做到我想用這個熱情焦點達成的事物。

我有意變得更＿＿＿＿＿＿，才能做到我想用這個熱情焦點達成的事物。

意向標記

想把一個好的意向化為具體行動，你必須先知道哪些行為能讓你判斷自己已經走上對的路。這些可作為「意向標記」的行為，顯示出你所遵循的是什麼方向。這些意向標記行為本身不是目標的終點，可是，能做到這些行為會讓你對於自己完成了一部分旅程感到自豪。你可以隨自己意思選擇你要幾項的意向標記行為，只要你為每一項行為都設定了日期就行。

前述的傑森，他是這樣的：

意向一：我有意變得更勇敢，能坦承自己對於建造這門學問所知不多，更不懂如何建造獨木舟。我要變得更勇敢，才能做到我想用這個熱情焦點達成的事。

意向標記行為：我每星期去看心理醫師的時候，都將與他分享我對自己的觀察，讓他知道我發現自己是否願意當一個新手，或者我會不會抗拒向別人求助。

意向標記行為：這個星期裡，我會去高中報名下一期的初級木工夜間課程，就算班上同學的年紀都只有我的一半，我也會定時去上課。

意向二：我有意變得更有活力，讓我能應付建造一艘獨木舟在體力上的挑戰。我要變得更有活力，才能做到我想用這個熱情焦點達成的事。

意向標記行為：我這個星期開始就會健身，增強我上半身與大腿的肌力。我每次會運動至少一小時，每週四次，每天早上遛完狗就去運動。

寫下了這麼明確的意向標記行為，使得傑森集中心力讓自己變得更勇敢且更有活力。這兩項特質對他來說不容易做到，但他明白，如果他想趕上時間做出獨木舟，他就必須砥礪自己做到這兩項特質。

接下來是卡蘿如何確立她的意向標記行為：

意向一：我有意變得更不害羞，敢開口找其他女性加入這項計畫。我要變得更不害羞，才能做到我想用這個熱情焦點達成的事。

意向標記行為：我會在十天內找至少三個朋友開一次動腦大會，想出方法，讓

我能夠向可能參加的編織者開口。

意向二：我有意變得更有條不紊，每週都整理好我所需要的材料。我要變得更有條不紊，才能做到我想用這個熱情焦點達成的事。

意向標記行為：我這個星期六與下星期六都會去跳蚤市場，找個便宜又有足夠儲物空間的櫃子，用它來收納我們的編織材料。我會在六個星期後的第一次編織聚會之前就把櫥櫃清潔完畢，並寫上清楚的標示，我明天就會開始動手。

意向標記行為：我會雇用那個「編織工作坊」的派熙，請她為我工作兩小時，幫我判斷我們需要多少材料與毛線。我今天晚上會打電話給她，約定碰面時間。

艾黛拉的意向標記行為，更詳盡而細密，也出現更多細節。這樣做並無不妥，因為她喜歡一次實踐一個熱情。她在進行稅務服務這個熱情焦點時，不會同時應付其他焦點。況且，她的稅務服務中心是個較辛苦、需要長期進行的活動。

意向一：我有意變得更善體人意，好讓我回應大眾對於稅務的無知，以及在金錢管理訓練方面的不足。我要變得更善體人意，才能做到我想用這個熱情焦點達成的事。

意向標記行為：下個星期六開始，我會每週讀一本討論管理眾人金錢的商業書

籍，事先了解缺乏相關知識的大眾可能犯下哪些錯誤，又為什麼會犯這些錯。

意向標記行為：星期三之前，我會去報名參加我公司辦的八週溝通技巧課程。

意向二：我有意變得更用功，學習管理非營利機構所需要的一切知識。我要變得更用功，才能做到我想用這個熱情焦點達成的事。

意向標記行為：我會參加這個星期六的小企業管理研討會。

意向標記行為：從下星期開始，我每個星期會至少花六個鐘頭閱讀各種關於如何在國內設立非營利性組織的資料，連續五星期。

意向標記行為：從下星期開始，我會每星期找兩名具備非營利組織工作經驗的人，一起吃午飯。我會利用錄音工具，錄下他們那些不會出現在書本上的見解。我會找到十個人來談。

當你開始設想自己應該做出哪些意向標記行為的時候，請記得一句希臘古諺：「認識你自己」。有些人會同時進行十幾種意向標記行為，並因此感到興奮，因為多重任務本來就會為他們帶來活力，而目標本身的明確性和指日可待的特質，使得他們可以用有成就感的方式發洩精力。但是我知道，有很多人寧可限制標記行為的數目。所以你要先確定自己所設定的期限是合理的，要讓自己有餘裕用自己的節奏過日子。你應該把各個期限錯開，讓自己有足夠時間達成每一項標記行為。你也可以為每一個

你的意向與意向標記行為

請試著寫下你的意向，並擇定一項或幾項足以標誌你這個意向的行為。

意向一：我有意變得更 ______________________________，

才能做到我想用這個熱情焦點達成的事。

意向標記行為：

____

____

意向標記行為：

____

____

意向二：我有意變得更 ______________________________，

才能做到我想用這個熱情焦點達成的事。

意向標記行為：

____

____

意向標記行為：

____

____

熱情焦點賦予不同程度的密集度。有些標記行為可能需要較長的時期來執行，也有的只是小事，順手就能完成。

小心：有些事超乎控制

你務必記住：有些事完全超乎你的控制，但它們會影響到你是否能完成目標、你會何時完成，以及如何完成——這個道理很明顯，但是你務必徹底認識到這項事實。疾病侵襲、家庭責任、組織崩潰、善變的大眾未能為你的工作提供市場……這些突如其來的變故，使得你難以追求你的熱情焦點。假如你不知道本章所提供的各種方法，用它們來衡量你所累積的成就，你可能會把那些無法克服的變故視為自己活該，誰叫你從小就是「樣樣通，樣樣鬆」的人，以為自己又做了錯誤的決定。但你其實只是運氣不好。追求意向的這個過程，讓你在非黑即白、非成功即失敗的二分法世界觀之外，還有別的選擇，讓你看見自己所做到的、較小型的成功。

通常，完成上述這套步驟之後，我的客戶們都迫不及待要大展身手。但是他們還是會問：「我該如何擠出時間完成這麼多事？」下一章就來探討這個問題。

10 時間管理魔法

我承認，想到我自己是一個多面向發展人才，這會讓我興奮，也讓我害怕。想到自己終於能夠追求我生命裡的熱情，我滿心歡喜，但又忍不住懷疑自己該如何實現全部的追求。

——莫莉，三十七歲

如果你喜歡跟著感覺走，回應你當下所感興趣的事物，這表示嚴格的日程規劃對你來說效用不大。你買了很炫的行事曆，在電腦裡安置了時髦的行事曆，還有響鈴和哨聲提醒你在特定時間做某件事，但你就是很難遵照行事曆按時辦事。就算你恰到好處安排了一整天的行程，卻發現在你排定了要想幾個做生意的點子的時段，偏偏遇到創造力低潮。由於你經常投入不熟悉的新領域，你可能會必須應付一些臨時才得知期限的事件。譬如，你正在累積自己的版畫作品，某次參觀美術館時你得知有一項競賽，你想參加；問題是你得在兩天內把作品拍成幻燈片，交給評審。這時你應該做哪件事？依照預定計畫，清理工作室裡的檔案櫃；還是投入一個想必一片混亂的活動，拚命工作趕在最後一刻完成幻燈片？我曉得你知道答案。

別把時間規劃得太細，別把自己安排得太緊湊，以免你遇到了機會卻無法掌握。不要以分鐘或小時為單位來規劃生活，而要以星期或月為單位，並且只列入真正對你重要的事物。你的時間策略，要能讓你可以根據自己的精力和你想掌握的機會來進行，而不是同時追逐好多道天邊彩虹。

本章將與各位分享我自己最喜歡的幾項時間運用策略。它們很新鮮，很合乎邏輯，而且經過我測試證明可行。只要實行幾個星期，這些時間策略就會變得彷彿是你的天性。不過，你在把這些策略運用到生活裡的時候，要對自己有耐心，一次進行一個步驟，熟習每個步驟之後再往下進行。別擔心自己是不是「百分之百正確」，我可以打包票，多年經驗告訴我，凡是多面向發展的人，最後都會照自己的做法來進行這些策略。

熱情焦點筆記

管理時間的第一步，是記錄「熱情焦點筆記」。把筆記分成幾個單元，每一個熱情焦點有個專屬單元。隨著你針對每個熱情焦點累積了相關資訊、反覆思考、多方閱讀、與朋友腦力激盪、向前輩導師請益、實行意向標記行為……你會發現，自己針對每個熱情焦點都有許多想做的事。每想到一件事，就把它寫在筆記裡屬於那個焦點的欄目裡。我喜歡使用三孔活頁檔案夾，有人則使用活頁筆記本，也有人不用紙本的筆記本，而用電腦記筆記。不必拘泥於形式，只要你用得順手的方式都行。但你一定要特別騰出一塊空間，列出你想到的為了達成熱情焦點而應讀的書、應買的物件、應打的電話、該找的人。

此外，在這本筆記裡面，你在幾個熱情焦點之外必須再標出一區，讓你有塊空間可列出其他好玩、迷人、難以抗拒、有趣、值得投入的新興趣。這樣一來，你才不至於因為聚焦於某些項目，而覺得錯過了其他機會。

熱情焦點活頁備忘錄

每個星期撥一點時間檢視筆記本的每一區塊（我喜歡在星期日一大早做這件事），刪掉那些已經完成的事項，或者變得無關緊要的項目，留意那些你最需要在接下來一星期裡關注的項目，把它們用「熱情焦點活頁備忘錄」列出來。我會在下頁提供一份活頁錄的範本，供你影印使用。

再談一下第四章提到的理查。理查的四個焦點是：當個好父親、學長笛、修東西、蒐集農具。他使用活頁式的筆記本記錄他的熱情焦點活動，在每個星期天晚上檢視筆記內容。某年耶誕節前三星期的一個星期天晚上，理查拿出熱情焦點筆記本和一張新的活頁紙，在活頁紙上列出幾個「好父親」熱情焦點下的活動：和兒子一起去買

熱情焦點活頁備忘錄

月　日　到　　月　日活動項目

熱情焦點一

____

____

____

熱情焦點二

____

____

____

熱情焦點三

____

____

____

熱情焦點四

____

____

____

耶誕樹、幫兒子包裝禮物、安排假期裡哪些日子可以招待其他小孩來家裡玩、每晚花些時間與兒子一起閱讀。在「長笛」熱情焦點之下，他列出的活動包括了參加韓德爾神劇《彌賽亞》的最後一次彩排、為下一堂課練習、修理樂譜架、錄下公共電視網的本地長笛音樂家特別節目。既然十二月並不是蒐集農具的最佳時機，他只在「蒐集農具」這個熱情焦點下列了：進入某個拍賣倉庫的傳單郵寄名單裡、在他最喜歡的春季跳蚤市場附近用「早安折扣」預訂一家汽車旅館的房間。由於他的第一個熱情焦點在一個星期裡就有四件事待辦，他在「修東西」這個熱情焦點之下只寫了一項：挑一個晚上看《老屋子》（*This Old House*）這個談房屋修繕的節目。

安排行事曆

填妥活頁備忘錄之後，就可以安排行事曆了。以「星期」為單位的行事曆通常是最好用的格式。看著你的活頁備忘錄，留意哪些事只能在特定時段進行，譬如你的寫作班每週三早上九點到十一點半聚會，你就得在行事曆上空出這段時間。

這聽起來就像所有那些你嘗試過的時間管理方法——「列出應做事項，挑出必須在本週內完成的事項，寫在行事曆上，然後執行」。不過呢，多面向發展人才的時間管理方法有一個與其他時間管理法不同的重大特點：你的活頁備忘錄上記下的許多事項，都可以不限定在哪個特定時段進行，但這些事項並不是在任何時間進行的結果都一樣好。所以，切記，多面向發展人才唯有順著自己活力的起伏來做事，才能發揮得淋漓盡致。有時候我們可以拿起電話，打幾個只為了聯繫感情而打的電話，因此感到愉快；有時候我們獨坐在電腦前幾個小時也感到心滿意足。當我們有孤獨寫作的心情時，就沒有辦法好好兒找人敘舊；充滿社交活力的時刻，很難強迫自己坐下來寫任何東西。

熱情焦點時段

典型的時間管理法要求你把某個日期的特定時段設定為特定活動，這種方式理論上看起來不錯，但你通常沒辦法做完該做的事。這會讓你覺得自己散漫、欠缺紀律，心底悄悄浮出一個熟悉的聲音：你沒那個能耐。

為了讓這個聲音閉嘴，我建議你用我稱為「熱情焦點時段」的方式來標記你的行事曆。這些時段，是你為自己的熱情焦點特別騰出來的時段，但是你在這時段不必預先排定該做哪件你記在活頁備忘錄上的事項。在你的每週熱情時段當中，有些時段的時數很長，有些則較短。舉例來說，理查把十二月十一日星期四晚上九點到十點空出來，當作他的熱情時段。九點一到，他看著自己的活頁備忘錄，發現自己還沒有練習韓德爾神劇《彌賽亞》的練習、還沒有看他在週二錄下的《老屋子》，也還沒有修理樂譜架。他花了點時間掙扎，這三項活動的哪一項最吸引他。他不勉強自己做出效果不佳的嘗試，也不逃避。預先設定的活動並不適合他當下的狀態。相反的，他檢視少數幾個可以控制的選項，然後高高興興跟著感覺走。而且他知道，不管他選擇做什麼，都跟他的某項熱情焦點有直接關聯。這種開心的感覺增強了他的信心，讓他更有能量。

我剛開始採用這個「熱情焦點時段」做法時，常會有人找我去做別的事，譬如共進午餐、幫忙照顧小孩之類的。一開始，我很快就會放棄為自己保留的這些熱情時段；這是因為我沒有真心投入自己的熱情。這使我很氣餒。後來，我為了保有這段時間，我對大家說抱歉我沒空，藉口說（他們想要約我的那個時間）我約了要看牙醫。於是朋友及同事不再要求我為了他們放棄「空檔」。我會在行事曆寫上「約定」或「承諾」，以此提醒自己：遇到外來打擾時要堅定立場。

如果有朋友想找你共進晚餐，但你最近的社交活動夠多了，不妨向朋友說你已經有約。如果你真的很想見這位朋友，那就重新規劃時間。你可以把這個三小時的熱情時段改排到本星期其他時間嗎？如果做不到，那就向朋友道歉，說你沒辦法。如果這位朋友遠從外地來，而且對你來說是重要得不得了的人，當然你就得取消其他「約定」，前去赴約。然後你在接下來的幾週要額外撥出一個時段，好彌補這次推遲的進度。

像你這樣具備多種興趣的人，一定懂小說家鮑德溫（Faith Baldwin）說的話：「時間是一個擅長修改的裁縫師。」因此，經常回頭審視、經常修改時段，是正常無比的狀況，尤其是在剛開始摸索這個熱情焦點的時期。這套時間管理系統本身具有彈性，但它不失為一種可以組織時間的實用方法。按照這個方法從事熱情焦點會令你心安，好過你因為不知如何面對十幾種向你招手的好玩事物而覺得焦躁。

在此提醒一句：開始進行這套時間管理方法時，這個「熱情焦點時段」可能感覺上像空暇，

平衡的時間運用法

「熱情焦點筆記」和「熱情焦點時段」的功效絕佳，原因之一在於這兩個方法能幫助你取得平衡。譬如理查在十二月的某一星期，在「好父親」熱情焦點投入的心力比「修東西」多，但這不成問題，因為「熱情焦點筆記」幫助他追蹤了他各項熱情焦點的各個構想是否得到了實踐。

還有個方式可確保你不會把時間只花在某個焦點上，而忽略了其他焦點：為每個熱情焦點選一種顏色，然後用顏色相近的螢光筆，標出行事曆上所完成的熱情焦點活動。你瀏覽行事曆，就會注意到是不是某個顏色較常出現，或者某個顏色幾乎沒有出現。

這是因為你所從事的繪畫、歌唱或腦力激盪都還純屬樂趣，不帶壓力。然而一旦你涉入這些活動更深之後，你會發現它們不會只帶來愉快與放鬆；你會苦於難以精通某種困難的技能，或者必須打一些無聊電話，譬如去問某個商場有沒有機會給你的樂團表演。因此，你絕對不可以把你從事熱情焦點的時間當作「停機時間」。因此你的生活裡一定要另外有足夠的時間讓你徹底放鬆或者閒晃。如果必要，就在行事曆上撥出這種停機時間。

兩者通吃

當我對客戶提出這幾種管理時間的方法後，我看到他們由於理解其中的價值而眼睛發亮，身體放鬆下來。但他們接著會問我：「我在安排時間投入自己的熱情焦點之前，難道不該先算出自己需要多少時間完成其他責任嗎？」畢竟他們都過著忙碌的生活，許多人很想算出他們需要多少時間完成責任，再安排剩下的時間。

但我從經驗知道，這種計算方式不會管用。這是因為，你給這些任務多少時間，它們就會佔滿這些時間。如果你說「我這個週末要打掃房子」，那麼你就會花星期六與星期天打掃，卻還是沒能完成（說不定會把房子搞得更亂，因為你把櫥櫃裡所有的儲存箱都拉出來，還清出一大堆可回收使用的物品）。到了星期天晚上，你已經沒有「剩餘」時間做你感興趣的焦點活動了。然而，若要你換一種做法，譬如先為生活中的每件大小事務都先排定，以避免這類雜務氾濫，這種做法聽起來就沒有吸引力，實際上也難以實行。

有鑑於上述現實狀況，我設計出一種技巧，幫助你判斷把多少時間放在焦點活動上是有意義又可行的。我稱之為「兩者通吃法」。這種技巧，需要把其他客戶的做法整個顛倒過來——不要把你的熱情焦點「塞進」你那些會不斷擴大的雜務裡面，而是首先找出自己「想」投注多少時間在熱情焦點上，再看你還剩多少時間可處理其他生活事務；然後再把這兩者加以平衡。這樣做之後，你會知道自己撥出了足夠時間從事熱情焦點，使你覺得這樣做是有意義的，而你給它的時間又不至於太多，導致生活中其他層面變得無法管理。

接下來我要讓你看兩位多面向發展人才如何學會這個方法。愛莉是一位做什麼事都會入迷的女性，她先做的是思考自己想花多少時間在每個熱情焦點上，接著她列出以下這份很有企圖心的清單：

熱情焦點一「刺繡」：一週七小時左右

熱情焦點二「協助發展遲緩的青少年」：一週二十小時左右

熱情焦點三「在大學電台主持爵士樂節目」：一週二十小時左右

熱情焦點四「參加高階游泳隊訓練」：一週十小時左右

然後她得評估這些時數是否合乎實際。她先寫下每週全部時數（一六八小時），然後計算自己平均每週需要多少睡眠時間（她每晚睡八小時，總睡眠時數是五十六小時）、自己需要多少時間上班，包括通勤時間（以她的例子來說是五十小時）。雖然愛莉希望最終可以換一份工作，但她先用現在的生活情況來計算（如果你是學生，就把工作時數換成讀書與上課時數，或加入打工時數）。愛莉把每週總時數（一六八）扣掉睡眠與工作的總時數（一〇六）之後，剩下六十二小時可以支配。

現在，她檢視自己的熱情焦點時數。她把她想放在四項熱情焦點的所有時數加總，得到的數字是五十七小時。但是她只剩下六十二小時可以支配；這表示她只剩五小時做生活中其他的事！五個小時不夠她打掃房子、準備三餐、與家人朋友共聚、處理雜務或享受其他小事呀。

愛莉該怎麼辦？她重新評估她的「兩者通吃時數」。她可以把刺繡減為每週四小時，但其他項目的時數無法降低，因為發展遲緩少年機構、電台和高階游泳隊都對參加者設有每週最低時數的要求。因此愛莉決定，她只在暑假從事青少年服務工作，因為暑假裡很多機構會需要額外的義工以補足休假員工的工作。然後她只在學期裡主持電台節目；學校在學期裡最需要電台ＤＪ。游泳隊的時數則保持不變。

她重新規劃如下：

每週總時數：一六八
睡眠時間（八×七）：（減）五十六
剩餘時數：一一二
目前工作時數，包括通勤時間：（減）五十
剩餘時數：六十二
預估的「兩者通吃時數」（四＋十＋二十）：（減）三十四
剩餘時數：二十八（一天四小時！）

現在，她每天有四小時可用在「其餘事物」上，這樣看起來不是可行得多嗎？在某幾個星期，她可支配的二十八小時剩餘時間夠她在週末大掃除；有些時候，與朋友遊樂會佔去較多時間。但無論她在這二十八小時的「其他時候」做什麼，她每星期都會有三十四小時撥給熱情焦點。用這種方式重新分配時間，愛莉就可以兩者通吃——既從事她感興趣的事物，又兼顧生活。

愛莉剛開始估算熱情焦點的時數時，太過一廂情願；而我們也可能在其他方面犯錯。譬如這位年輕朋友卡爾，他最初寫下的「兩者通吃時數」如下：

熱情焦點一「整理我的作品集」：三小時
熱情焦點二「參與州長競選活動」：九小時
熱情焦點三「提升網球水準」：六小時
熱情焦點四「參加國際商業會議」：五小時

現在卡爾要看看這些數字，是不是能留給他足夠的時間從事其他愛好：

每週總時數：一六八
睡眠時間：（減）四十九
剩餘時數：一一九
目前工作時數，包括通勤時間：（減）二十七
剩餘時數：九十二
目前預估「兩者通吃時數」（三十九＋六＋五）：（減）二十三
剩餘時數：六十九

一週有六十九小時的額外時間，卡爾多的是閒暇。他或許會想重新評估他留給熱情焦點活動的時數。他大可在參與州長競選活動上多做些貢獻（因此能多得到注

你的「兩者通吃」備忘錄

我建議你用鉛筆來完成這份備忘錄，以便在需要的時候調整數字。

首先，列出你的熱情焦點名稱，估算每個熱情焦點需要多少時數才能兼顧目標與管理。

熱情焦點一	每週時數：
熱情焦點二	每週時數：
熱情焦點三	每週時數：
熱情焦點四	每週時數：
熱情焦點五	每週時數：
	兩者通吃總時數：

接著，填妥以下空格，依照減號扣除時數。

每週總時數		168
睡眠時間	(–)	
剩餘時數		
目前工作時數，包含通勤時間	(–)	
剩餘時數		
目前預估兼顧目標與管理的時數	(–)	
剩餘時數		

意），把義工時數增加為三倍，並根據他的心情與精力，或者根據某星期的股市表現，多打一個早上的網球、多參加一場晚間商業會議、多在財經事務上花幾個小時。他調整了熱情焦點時數之後，每週仍然剩下四十八小時，這個數字就很合理了。卡爾知道他每天有將近七小時的時間可用來處理其他的需求與責任，而且他有信心自己能夠專注於這些熱情焦點。

你也可以為自己設定你放在熱情焦點上的「兩者通吃時數」。算出了你每週剩下多少小時嗎？你用這些剩餘時間來完成你生活中所有事務及熱情焦點之外的活動，時間剛好嗎？如果是太多或太少，就回到第一步，重新估計你的熱情焦點時數，直到你找出一個可以達到平衡的數字。

使你分心的事物

你撥出時間給熱情焦點之後，發現還是很難定下心來好好做這些預計該做的事。若你在家工作，或者你所從事的熱情焦點需要較高的自我掌控力，則你更容易發現自己難以定下來。以下是幾個避免分心的訣竅。

有個故事生動描述了你在列出「待辦事項」之前，為什麼要先把熱情焦點納入優先考慮：

一名教授帶著一只玻璃罐走進教室。罐裡有四顆美麗石塊。他把玻璃罐舉起，讓學生看，然後問：「這玻璃罐是滿的嗎？」學生回答：「是滿的。」學生們不明白教授為何問出答案這麼明顯的問題。接著教授打開一個他帶進教室的袋子，把袋裡的碎石倒進罐裡。碎石塞滿罐裡所有空隙之後，教授問：「現在罐子是滿的嗎？」學生感覺到這是個陷阱題，於是沉默不語。教授再打開另一個袋子，把袋裡的沙子倒進裝有四顆石塊與許多碎石的罐裡。沙子流過大石頭與碎石，他又問：「現在罐子是滿的嗎？」有幾個學生看著塞得滿滿的罐子，而且看到教授沒有其他袋子了，於是點頭。然後教授離開了教室。學生們一頭霧水。幾分鐘後教授帶著裝滿水的水壺回來，把水倒進罐子裡。學生們看著沙子吸飽水分。這時教授回到他要講的優先次序的觀念：「如果先把碎石、沙子與水倒進罐子，罐裡還有沒有空間放石塊？」

你的「兩者通吃時數」，就是這故事裡的石塊，你要先把它們裝進你的生活之罐裡。我向你保證，打掃房子（碎石）、處理雜務（沙子）和保養草地（水）等事務，仍然會在你的生活裡找到時間。

一、「地點，地點，地點！」法則

我剛開始為事業做研究的時候，落入了一種模式，你可能也認得：我從書桌旁的書架上挑了一本書，走向客廳裡舒適的閱讀專用椅。然而我半途瞥見電腦，心想：「也許我應該檢查一下電子郵件，很快查一下就好，搞不好某個參考期刊書目已經寄來了。」就在等待電腦開機的時候，我想到一個提升「效率」的好主意，那就是在讀電子郵件的同時也清洗東西。於是我走到廚房，收攏幾塊抹布；我看到廚房的花瓶裡有幾朵花已經凋謝了。因此我到外面的花園摘些新鮮花朵……就這樣，我撥給我的熱情焦點活動「閱讀」的時間不知不覺流逝了。

我找到一個辦法拯救了我：改變地點。我找到一位朋友下午時間會待在工作室裡，於是我在下午去她的臥室讀書。我在別人的房子裡，總不能替她接電話、四處翻找待洗衣物，或者替她決定花瓶是不是該重新布置吧？

「為什麼不乾脆去圖書館？」當我告訴嫂嫂我這項安排，她這麼問我。為什麼不去圖書館？因為對喜歡多種事物的人來說，圖書館像一座糖果店，把這種人送到圖書館，他們會更分心！所以，如果我出於某種理由無法在朋友家好好閱讀，或者沒有時間往返朋友家，我就在家裡製造相同的效果：我把椅子轉向一個角落，讓我自己和那個角落之間不存在任何會使我分心的事物——這時候要運用下一個「不行！不行！不行！」法則。

二、「不行！不行！不行！」法則

這項法則在你前往理想地點的途中，以及在你抵達理想地點之後，都很管用。譬如你正要走出房子去朋友家，準備你的房地產經紀人執業資格考試。你走出門，看到一把雪鍬沒放回倉庫裡。你當然想把它物歸原位。然後你看到倉庫裡的東西，想知道教會不知哪一天舉行舊貨拍賣。於是你想說，在上車之前「很快的」回屋子一趟，「只是」去確認拍賣日期。同理，如果你在家工作，你很可能在聽到信件送來的通知鈴聲時想「偷看一下」，在電話答錄機啟動時拚命偷聽。如果你對於這些行為模式不陌生，你就會想使用這項「不行！不行！不行！」法則。不管何時，只要你發現自己在熱情焦點時間裡做別的事，你都必須停止。絕不放行，絕不向任何誘惑投降。你要養成習慣，一發現自己分了心，就停下來說「不行！不行！不行！」，而且要大聲對自己說出來。這樣才能做足你做該的事。

三、「絕無例外」法則

上述兩法則有助於你抵擋眼前的分心事物，但你可能還需要更有力的工具來幫助你長期持續你對目標的承諾。任何一段旅程裡，都有令人興奮的時刻和緩慢而難捱的階段。對於多面向發展人才來說，他們最感興趣的是嶄新的、與眾不同的事物，所以那些緩慢階段可能會變得迂迴難行。舉例來說，我一開始要做的是寫小說，然而在我毫無靈感時，我很難繼續寫，尤其是如果我突然動念想從事園藝。也許我能用「不行！不行！不行！」法則，讓我在坐下來寫作之後抵擋接電話的誘惑，但「絕無例外」法則可以讓我週復一週持續動筆。

這個「絕無例外」法則，出自哲學家威廉・詹姆斯（William James）的著作。詹姆斯為那些認真承諾想改變的人發展出一套三方向策略。第一個方向是：立即做出改變；第二個方向是：以炫耀誇張的方式做出改變；第三個方向是：絕不接受例外。我第一次讀到第三個方向時，非常生氣。我和許多客戶一樣，一直在避開這種二選一的思考方式。「如果不能每天、每週、每年，直到永遠都這樣做，你就做不到！」這句話多麼戕害多面向發展人才啊。

但是我再深入思索，明白了詹姆斯的建議是為了讓我們用一種務實的方式重新面對目標，讓我們知道唯有「絕不接受例外」才能達成目標。譬如，我堅信每天唯一必須做的事是呼吸。因此，如果我為了達成我的多重熱情焦點之一，我設定自己每天必須寫出一個場景，那麼我幾乎不可能持續遵守「絕無例外」法則。然而，如果我把最低寫作量設定為每週完成四個時段，我就可以更加認真執行「絕無例外」法則，以達成每週最低要求。當然啦，遇到了生病上醫院或家人死亡這類大事件，就不適合採用「絕無例外」法則。但在正常情況下，我發現自己有足夠的彈性和決心，撐過了幾個月的「絕無例外」狀況。當我預知週末會很忙，我就會盡早完成本週「必要」的四個寫作時段。然而，我真正獲得的回報是，我由於自己能夠持續執行自己的決定而引以自豪，這樣的成就感幫助我走過顛簸路段，而我的靈魂以前在走上這種路段的時候總不免會偏斜歪倒。在你持續遵守「絕無例外」法則達到十一週、十三週或十七週後，你會越來越有動力持續你的決心。

四、在一個方向上多工處理

多面向發展人才很擅長同時處理多種工作，這種天賦讓我們得以成就許多事。但我得聲明，這樣的天賦絕對不能在熱情焦點時段發揮。寫詩時間不可以洗衣服；設計暗房時不可以檢查電子郵件。但熱情焦點活動可以與其他活動同時進行。譬如你要開三個鐘頭的車才能到達朋友家，你在路上當然可以聽西班牙語有聲書（如果學習西語是你的熱情焦點）；如果你帶著鄰居的小孩到圖書館參加說故事時間，大可利用這段時間在圖書館選借西語教學有聲書。「多工處理」只能用在一個方向上，反過來就不行了。

五、獎勵多面向發展人才

連續十週都遵守了「絕無例外」法則，然後你為自己買一套DVD獎勵自己；你鼓起勇氣打了一通不容易的電話之後，讓自己去公園散步當作獎勵。獎勵，可以強化你的新生活方案，特別是這個新生活方案與我們過去所認定的「正確」生命迥然不同。以我來說，我喜歡每天臨睡前，在行事曆上確認至少一項當天做過的正面行動，然後貼一張可愛的貼紙在前面，以此獎勵自己。

此外，在「待辦事項清單」上把已完成的事項刪掉，也是一種獎勵。如果你照著本章提供的「熱情焦點活頁備忘錄」進行，你會體驗到每週從備忘錄上刪去已完成項目的那種滿足感。不僅是多面向發展人才有這種清單，很多人也都有這種待辦事項表。對於多面向發展人才來說，有個好玩方式可以增強這種清單的作用：除了寫下一些平凡無味的活動之外，你可以在清單上添加「冒個小險」、「向他人求助」、「一旦分心時，要像念咒語一樣念誦『不行！不行！不行！』」這類項目。你會知道，一天過去，晚上你就可以在清單上刪掉這些有益的新行為，這會大大有助於加速你把這些行為養成習慣。

享受從容的時間感

你是不是經常想到效率問題？每天要完成好幾件事？你經常想著如何才能做更多的事？本章幫助你管理時間，但你想多多享受幾種不同的體驗，因此也會想要重新思考自己對時間的態度。

「時間就是金錢」，這種態度深入語言之中：時間是金錢，所以時間是可以管理、花費或保留的事物。但真的是這樣嗎？賴得（Richard Leider）與夏派羅（David Shapiro）在共同著作《重整行囊》（*Repacking Your Bags*）一書裡，把常用的沙漏比喻做了一點變化。他們問：為什麼我們總是想像自己活在沙漏的上半部，也就是時間不斷流逝的一方？為什麼我們不想像自己生活在沙漏的下半部？在下半部，每一分鐘過去，又有新的一分鐘來臨；每一小時過去，有另一小時來臨；每一天都是往後許多日子的頭一天……從沙漏的底部來看，我們可充分享受鋼琴課、陪孩子打籃球、拜訪親戚等等各式各樣活動，不必擔心「浪費」時間或「損失」時間。

最近我參加一個會議，主講者在會議上講了一個故事：一名腦外科醫師正在進行緊急手術，進入關鍵階段，他只有三分鐘時間搶救病患的大部分認知功能。這位醫師手忙腳亂向同在手術室裡的同事下達指令。這時院中最傑出的外科醫師走近他。這位受人尊敬的醫師吐出緩慢而清晰的一句說：「摩根醫師，你只有三分鐘，最好慢慢來。」哇，多麼睿智的觀點啊。在重新設計人生藍圖的時候，應該隨時把這個觀點謹記在心。

我發現，只要我覺得時間充裕，我會覺得自己與眾不同，比較慷慨，更自動自發，心懷善意，對新觀念與新經驗抱持開放態度。假如我那一天完成的事項較少，我便把「採用沙漏底部觀點，從容面對時間」放進我的待辦清單上，如此一來這也算是我能在行事曆上刪去的又一項完成事件。我確實不會遇到每一件「有趣」的事都去做，譬如不是每一場評價不錯的電影我都去看，不像過去那樣聽到什麼有趣的事都想加入，我也不那麼常打掃房子了。但我確實擁有了時間，確實可以多花時間聊一通意料外的電話，或者散步到山丘上。我的每日應做事項清單上，是真的列出了「隨興做一件事」和「今天要對時間放輕鬆」這類項目。我很欣賞女高音普萊斯（Leontyne Price）的真知灼見；她說，成功的終極象徵是享有一種有時間想做什麼就做什麼的奢侈。

為日常「待辦事項」加入新意

- □問自己，我那位前輩導師遇到了與我相同的狀況時會怎麼做。
- □改變地點，以加強專心程度。
- □在必要的時候複誦「不行！不行！不行！」。
- □表揚自己為了遵守「絕無例外」法則所做的努力。
- □冒個風險。
- □尋求協助。
- □隨興做一件事。
- □用從容的態度感受時間。

11

排除路上的障礙

我已經準備了熱情焦點筆記本，也撥出了熱情焦點時段——我超愛做這些準備工作！但我還應該思考哪些事嗎？我想，假如能預先得到警告也算是預做準備。我不想失去這股新生的動力。

——傑森，二十三歲

大自然不喜歡直線；多面向發展人才也不喜歡直線。在付諸行動之前，你想先設想，如果道路急轉彎，事情未能照你的預期發展，你該怎麼辦。孔子說過：「譬如為山，未成一簣；止，吾止也！譬如平地，雖覆一簣；進，吾往也！」意思是說，只要你不停止腳步，就不擔心前進緩慢。這就是為什麼你必須先認出哪些事物可能是路障，免得中途遇上障礙，被彈出了路外。

當你在實行熱情焦點的時候，遇到麻煩，覺得橫遭阻礙，動彈不得，你可以怎麼做？你可以回想曾經有哪些方法對你管用，然後把這些方法拿出來運用。譬如我的一名客戶知道，他在上班寫提案不順利的時候，只要離開辦公室、用冷水洗臉、再重新聚焦，就行了。於是，當他在家裡從事他喜愛的事物，為自宅擴建的部分設計各種細節遇到了瓶頸，他決定用同樣方法來解決。他帶著微笑說：「我一想到『不行！不行！不行！』法則就去拿毛巾洗臉。」另一名客戶從經驗得知，如有必要，她可以倚靠朋友解決問題。因此，當她得為自己的首次藝術展找到合適裝扮時，她便再次用這方法，向朋友借穿較優雅的服裝。另一名客戶把寫回憶錄當作熱情焦點，他在設法裝設新印表機時不得要領，這時他乾脆坐進一張舒適的椅子，聆聽祥和的音樂讓自己冷靜下來，再去研究操作手冊。

人各有異，要緊的是你要知道哪些方式對你管用，把它們列出來。這些方法無所謂對錯，重要的是事先寫好解決之道，擬出一套可以隨時派上用場的步驟。

你可以考慮採用以下方法，這些是我的客戶用來維持動力的方法：

- 你感到挫折、想要放棄的時候，想一想如果一個小孩面對同樣情況，你會對這孩子說什麼。
- 如果進行中的事讓你精神緊繃，而你是單獨一人，不妨在思考問題的時候做些滑稽的姿勢。笑聲也是紓解壓力的一帖良藥。
- 如果你對某一通重要電話太過緊張，那麼就假裝自己是別人來撥打這通電話。
- 播放活潑的音樂來疏通活力。播放祥和的音樂來撫平恐懼。

- 回想某一個期望你放棄的人，你就要證明對方是錯的。
- 在你準備處理困難事物的地方，選定一小塊區域，把它整理得井井有條。
- 如果你在壓力之下表現得最好，就設定一個期限，讓自己在期限之後去看場電影或做其他活動。
- 如果你擔心在創作時犯錯，因而一再拖延，請提醒自己，艾米許人（Amish）會刻意在每個針織作品上犯一個錯，藉此彰顯「人皆不完美」此一事實。

障礙之一：單打獨鬥

你辨識出自己的熱情焦點，也找出時間管理方法了，但你偶爾會感到喘不過氣來。可能是你的熱情焦點開展得比你的預期更快，或者你在某段時間裡得同時應付多個重要期限。也可能是你的同事生病請假，使得你工作時間增加，但你已經答應你家小孩你會去參加他一個重要的下午活動，以實踐你「好家長」的熱情焦點。在這樣的時候，你需要外界的支援。我不知道進行過多少次以下這種對話：

我：請問，你的伴侶／雙親／同事支持你想達成的目標嗎？

對方：當然了！

我：他／她會願意幫你解決這個問題嗎？

對方：喔，我問過了，不可能的。我最好還是自己設法解決。

我們都有過這種感覺：那些嘴上說「支持」我們的人只是光說不練，不是未能伸出援手，就是幫倒忙，或者幫過忙後洋洋得意，或者只幫一次忙就不肯再伸出援手。曾經有段時間，我聽到別人為這個問題哀嘆時，我以為這就是人生的一種現實。但我往下問更多問題之後發現，這樣的抱怨不盡然是事實。有時候問題出在我們自己尋找支援、回應協助的方式，使得我們接受到負面的幫助。

為了因應這類的動力障礙，我設計了「魔鏡，魔鏡」練習。這個練習，要幫助你面對那些不管用的求助法，藉此提升你找到合適協助的機率。這項練習不會施展魔法，把你求助的每個對象都變成好人好事楷模，但我與客戶做這項練習時，他們臉上經常出現「原來如此」的表情，他們還分享了以下心情：

- 「你知道嗎，我現在回想，當我要求十來歲的兒子幫忙洗衣服，我就正在做我最討厭上司對我做的事：徹底檢查他做的每個細節，確認他按照我的方式進行了。我一副搯毛巾、把男孩襯衫掛在晾衣繩上都只有一種正確方法的樣子」。
- 「我上司因為個人理由必須溜開辦公室，但她一副我完全不懂如何處理貸款的樣子。她寫了一份詳細到不行的工作流程備忘，讓我覺得被侮辱。我都從研究所畢業兩年了，她還以為我是懵懵懂懂的菜鳥嗎？她這樣做，我以後當然不會願意為她掩護。我在扶輪社擔任足球推廣委員會主席，但我不會對委員會的人做出這種事嗎？如果我在向他們描述我們的寵物計畫工作內容時，也認為他們有大腦能思考，我敢說我一定可以獲得更多協助。」

・「我有兩個姊妹，都是忙碌的職業婦女。她們常打電話向我求救，要我幫忙分擔責任。我一直到做了這項練習才明白，我經常同意幫她們其中一人的忙，卻不幫另一個。你知道她們的不同之處是什麼嗎？其中一人在要求幫忙時，總是用那種牢騷滿腹的聲調，聽起來很刺耳。這項練習點醒了我，我覺得分身乏術需要丈夫幫忙的時候，我正是用這種聲調要求他幫忙！下次我一定要留心這一點。」

・「這個『魔鏡，魔鏡』練習要我想一想我不願幫誰的忙，我馬上想到我的合夥人珍恩。她聰明得不得了，我很高興她想加入我的新事業。但她經常得立刻放下工作，回去照顧年邁母親。剛開始我願意幫她代班，但是你知道嗎？現在她好像把我的幫忙視為理所當然，連一聲謝謝都懶得說。想到珍恩，讓我對我們另一位合夥人齊普有更多認識。齊普十分外向，所以我總以為他不介意負責處理所有對外聯絡活動，這些活動對我們的生意很重要。我順理成章把這部分工作交給他，而且從來沒向他道謝！或許這就是為什麼他最近不太理我。我真的應該好好謝謝他。」

接下來就請你花幾分鐘做這個「魔鏡，魔鏡」練習，看你會想到什麼。

誰來幫我忙？

當你無法單打獨鬥時，向誰請求協助是個重要考量。許多人很容易只找少數幾個可靠對象幫忙，因為這些人不管如何都還是會愛我們。有人把這個求助圈縮得很小，覺得只能向家人開口。另一個特別常在事業上出現的錯誤，則是只在自己的部門或工作小組裡求助，或者以為必須在自己也能夠提供相同協助時，才能開口要求別人幫忙。

我並不是說你一定會比別人更需要幫忙。但我們之所以會受到新興趣吸引，原因正在於我們還不完全知道如何從事這項新活動。因此我們比大部分的人更需要各種協助。

有鑑於此，若你指望倚賴一、兩個人就為你提供你可能需要的各種協助，這是不切實際的想法。身兼作家與講師身分的退休心理學教授賽門博士（Sidney Simon），建議創意豐富的人要思考不同形式的支援，以及能夠提供必要資源的各種人。在還沒遇

魔鏡，魔鏡

想出幾個你曾經拒絕幫忙的對象（上司、朋友、親戚等）：

1. ______

2. ______

3. ______

你為什麼不幫他忙？

A. 他們開口要求幫忙的方式

1. 從不開口
2. 不直接要求，拐彎抹角
3. 用發牢騷的音調開口
4. 太常要求幫忙
5. 認定我一定會答應

B. 他們如何說明自己需要的支援？

1. 太籠統
2. 太繁瑣
3. 完全不交代內容
4. 未提出讓人願意幫忙的動機
5. 指示的做法完全不可能做到

C. 他們的期望？

1. 標準太高
2. 完成期限不切實際
3. 認為他們的做法是唯一正確的做法

D. 他們有沒有預設立場？

1. 認為你懂得很多
2. 認為你懂得很少
3. 認為你願意免費工作
4. 認為你要索費才願意幫忙
5. 認為你反正沒別的事做

E. 他們的回應？

1. 沒有回應
2. 只有負面回應

根據上述的回答，寫下你希望如何做到讓別人願意協助你：

______

______

______

到困境之前就先找出日後的協助，也是在你稍感力不從心時的一項好用策略。

我從賽門博士的著作《脫困而出》（*Getting Unstuck*）中擷取了一項思考工具。當你開始把一種新的熱情焦點融入生活裡，不妨先設想你可能會需要哪些類別的協助，然後在每個類別之下各想出三個可能提供協助的人。（每個人其實可以提供不止一種協助，但此處的重點在於不要過度依賴某個人，以致有一天把對方惹毛。）接著，你根據每個人所能夠提供的協助，標出第一、第二和第三名。日後你當真需要的時候，打電話給第一名人選，把其他兩名當作備選，或只是分擔一點。（賽門博士認為，如果你想不出三個名字，那就是你把標準設得太高了！）每當我發現自己有整套新需求的時候，我喜歡打出求助對象清單，然後貼在顯而易見的地方。

以下是一些常見的協助類別。不過你大可加入自己的類別。

- 誰願意分享他的專業技能？（「你能不能幫我看這份合約？」）
- 我能夠信任哪些人，會提供我情感上的支持或友善的協助？（「你能不能在星期五我必須參加重要面試之前打個電話給我？」）
- 誰能幫我照顧孩子或長輩？（「我臨時得開一個會，你能幫我帶小孩嗎？」）
- 誰能幫忙看房子？照顧寵物、植物和庭院？（「你能不能在我週末參加研討會時幫我收郵件？」）

・誰能提供電腦／科技技術上的協助？（「你能不能教我用這個資料庫程式？」）

・誰知道如何修飾我的形象？（「你能不能幫我挑選適合我穿去參加這次會議的服裝？」）

・誰可以與我作伴去參加活動？（「你要不要和我一起，每週去田徑場慢跑兩次？」）

使用這項策略的客戶，常會回來對我訴說他們的成功體會，而史蒂芬的故事總讓我在回想時覺得溫暖。史蒂芬博士八十二歲了，是我的客戶裡年紀最長的一位。他已經沒辦法再駕駛汽車，也聽不清楚電話，搭飛機的時候需要有人陪，而且在家裡伸手搆不到頭頂上的櫥櫃。這位多面向發展人才不想讓這些障礙阻擋他的去路，卻也不希望老是麻煩別人。我建議他列出一張求助對象清單。隔一週，他眨眨眼睛問我：「你知道我最喜歡的是哪一點嗎？這樣做，不僅能幫我開口求助，也幫助別人答應我的求助。」

見我似乎沒聽懂，他詳述了他的經歷：

現在，如果我打電話給開車載我去看醫師的三名候選人當中的第一名，我會讓

對方知道不必勉強答應，因為我還有另外兩個人可以找。如果我已經打電話到第三名人選，我會說：「珍妮，我知道你很忙，但是我打電話請你幫忙之前，已經問過克拉克太太和艾略特太太。」這樣一來珍妮便知道，我並不是假設她一定會有時間，或者我認為如果她現在點頭，以後就每一次都得載我去看診。你知道我這個星期裡找到幫手做了多少事嗎？幾個教會朋友要掃瞄我的照片，放到我們談了一陣子的網路專欄；我姪子開車載我去人類學博物館拿一份我需要的研究文件；鄰居幫我把貓送去獸醫院；一個幫我們割草坪的大學生，來我們家幫我把廚房隔架放低。我甚至鼓起勇氣，拜託老人中心的一名義工幫我找克拉克聾人學校商談，為我找一個比較好用的電話。老實說，我一直在逃避為專欄寫採訪稿，因為我聽電話很吃力。這星期我得到了五個人幫忙，而我已經為下個星期想到了更多求助的點子。

如果你遇到了障礙，無法應付所有層面，這時外界的協助會讓事情變得截然不同。預先想好你應該如何求助、向誰求助，會讓你更可能得到你想要的結果。

障礙二：被完美主義綁架

走在這條追求多重熱情的路上，有句老話絆住了很多人：如果這件事值得做，也就值得我們把它做對。當然，這句真言的陷阱在於「對」這個字。這個字會導致完美主義的傾向，以為任何不夠完美的事物都是「錯」的。

不是每個多面向發展人才都是完美主義者，但許多人確實有完美主義的傾向，包括我自己也是。完美主義對於莫札特類型或富蘭克林類型的人都會造成問題，但它對多面向發展人才造成的影響特別大。舉例來說，一個信奉完美主義的創作者可能需要為即將舉辦的展覽發布新聞稿。如果他比較接近莫札特這一類型，他可能不會想到要寫自己的新聞稿：他認為「我是創作者，拜託，我不是什麼公關人員！」也許他可能會嘗試寫新聞稿，然而一發現自己寫不出完美的稿子，便打電話求助。這項挑戰提醒了他，寫新聞稿不是他的強項。

然而，一個比較接近富蘭克林的完美主義創作者，可能會打定主意，除非他能寫出完美的新聞稿，否則他無法為即將舉辦的展覽發出任何新聞稿。於是他開始大費周章寫作，由於他是一個多面向發展人才，所以他可能也認為寫作是他的領域之一，以至於沒把注意力放在他的展出作品上。他擬出了草稿，想排出一份完美的列印稿，但他不會使用繪圖設計軟體，因此他又先去上排版軟體課程。對他來說，這些挑戰都很有意思，但是他處處要求完美，這必然導致他的創作動力受阻。

如果你是完美主義者，又是個多面向發展人才，你該怎麼辦呢？我很久以前就學到，我不可能說服一個完美主義者放棄他的完美主義。想排除這種個性特質所製造的路障，比較好的辦法是學習如何成為一個完美的完美主義者：知道什麼時候要做到百分之百完美，什麼時候只要做到百分之七十五或五十，什麼時候根本只要做到百分之二十五就夠。

這個「完美的完美主義」練習，目的在於幫助你把你的完美主義打造得更完美。

障礙三：意料之外的無聊感

克雷格喜歡一次從事一個熱情焦點。他離開了國防部的工程師職位，轉換跑道，擔任高中數學老師。他經歷了一段絕望與焦慮交錯的時期，許多第一年執教的老師都表示他們也曾經歷這樣的時期。但克雷格克服了這段時期之後，進入了快樂而創造力十足的階段。不過，離開國防部八年後的現在，他開始覺得無聊，而且是強烈的無聊感。如果有家長在會議上多講五分鐘，他得壓抑胸中由於被迫留在教室裡而產生的怒氣。他也害怕需要打分數的考試：「有時候我希望能把期中考卷扔到半空，依照考卷落地的位置打分數。」他坦承：「我發現自己在做白日夢，想去學開單引擎飛機。」

克雷格並不是失去了動力，只是到了應該要向新的熱情前進的時候了。他達到教書目標已有三年時間，現在他的無聊感就像在對街閃綠燈，催促他快快前進。

有另外一種形式的無聊，它在出現後所持續的時間比較短。當你進行熱情焦點活動的中途，突然覺得無聊，然而你半個鐘頭前看著行事曆，知道接下來有一個「熱情焦點時段」，高高興興從「熱情焦點活頁備忘錄」中挑出這項活動時，你還不覺得有問題，但怎麼現在你竟覺得無聊，需要做點別的事。

你走向電冰箱嗎？打開電視機了？打電話給某個突然想到的人？還是噗通一聲倒進沙發，背向世界，躲進睡夢中？這些行為多半與情緒沮喪有關，使得你意興闌珊，提不起勁兒。

事情不必如此。假如你能把這種無聊看成是一盞黃燈，對你提出有益的提醒，可以保護你不受到前方風暴的襲擊，那麼你將會得到意想不到的美妙結果。或許你已經用理性左腦做了過度分析，這時最好也給創意右腦一次機會。在這種突如其來的無聊時刻，有幾個管用的對策，譬如你先打個盹兒，看看夢中能不能產生什麼新見解，然後到外面散步，或在大自然裡小酌兩杯，先不要苦思某個邏輯論點。

或者，你對於手上進行中的某件事已經失去了新鮮感，這盞「黃燈」是在提醒你，不要再繼續往下做了。每個有經驗的多面向發展人才都知道，應付這種無聊最好的方法是，回頭檢視你的每週熱情焦點活頁備忘錄，因為備忘錄裡很可能寫下了符合你當下狀況和時段的活動。所以，你不必自責，就去做清單中其他能吸引你、讓你暫時喘口氣的活動。最後你還是能讓另一個熱情焦點有所進展，而且會發現又找回了動力，回頭從事原先的熱情焦點。

完美的完美主義

珍妮需執行以下工作：

1. 與伴侶出門之前，替小寶寶做好晚餐
2. 為她的獎學金申請計畫撰寫自薦信
3. 清掃庭院後方的落葉
4. 檢查所得稅退稅單上的數字是否正確
5. 填寫高中同學會寄來詢問現職的表格，並回寄，藉此建立關係
6. 為一場本地會議準備服裝

情節一

珍妮是個不完美的完美主義者。她彷彿是傾生命全部之力似的想達成以上每一項工作。她手忙腳亂、分身乏術，而且暴躁易怒。在這一天裡，她把高中同學會調查表寄出了，卻忘了貼郵票，她忘了那雙可搭配會議服裝的鞋子斷了一個鞋跟、忘了按微波爐的解凍按鍵、把計畫書的收信地址遺忘在辦公室，而且也忘了清理落葉……

情節二

珍妮知道如何做一個完美的完美主義者！她按照各種程度的完美百分比來分類工作：

需要二五％完美的工作：

需要五〇％完美的工作：

需要七五％完美的工作：

需要一〇〇％完美的工作：

你認為，在情節二裡，完美的完美主義這種做法，會對珍妮的感受與工作效率造成什麼不同呢？

現在，列出你目前面臨的工作，為自己創造屬於你的情節二。

你的工作	需要的完美程度
1.	
2.	
3.	
4.	
5.	
6.	

障礙四：我的另一半是專心的莫札特

幾年來，我看過太多富蘭克林類型的客戶，假如他們的另一半是偏向莫札特類型的人時，便很難持續他們的動力。（我總是覺得驚訝，竟然有這麼多對伴侶是兩種類型的組合。）

以下這個例子，說明了這樣的障礙如何在無意之間把人絆倒，而且讓人覺得無法克服。琴妮既年輕又充滿活力，她來上我的第一堂課時，已結婚兩年，與丈夫羅伯特之間過著「開心得合不攏嘴」的生活。他們正在一處祖傳多代的土地上設計建造一座仿十八世紀新英格蘭農舍風格的屋子。那時她必須做個決定，經過我的協助，她便放手去做了。幾年後，琴妮又來找我諮詢。我小心翼翼詢問她先生好不好，被她臉上的表情嚇壞。

這位個性堅強的女性嘆道：「我們簡直不知該如何和對方說話。」她說，她和羅伯特一起做夢、設計並建造房屋時，兩人宛若孿生靈魂，以琴妮的話來說簡直是「兩個靈魂處在同一面」。她說：「我們都贊成減少婚禮與蜜月的費用，因為我們覺得房子才是至高無上的夢想。」

我問：「後來發生了什麼事？」

琴妮的表情一沉：「我受不了他想一輩子住在那裡。他不想做任何改變，不想去任何地方！他完全心滿意足。現在房子已經蓋好，計畫完成了，我無聊得要命。我打算建造別的東西，或至少做些別的事。我最近在研究當代建築。而且，有份令人興奮的職缺找上我，但我可能得為新工作搬去新英格蘭。但你知道羅伯特怎麼說嗎？他說：『如果我們不想住這裡，當初何必花時間設計建造這房子呢？』」

琴妮與羅伯特並非特例，許多伴侶都把關係建立在共同擁有的愛好上面。這類的伴侶，一旦到了其中一方準備邁向新事物時便會遇到問題。對於那些投入各項愛好的多面向發展人才來說，情況特別明顯。儘管琴妮現在覺得意外，羅伯特竟然對那座房子滿意到這種程度，但琴妮自己當初也以為他們會在新房子快快樂樂住到永遠。直到夢想實現、建妥新房子之後，琴妮才發現自己想追求新事物，也才明白，她和羅伯特不是自己原先認為的那樣相像。

幸好這個故事有個快樂的結局。琴妮了解到，她需要變化，就像羅伯特需要保持原狀，沒有誰好誰壞的問題。只不過，琴妮為了維持生活動力，必須再做一次本書第九章提到的PRISM測驗。假如接下這份要求她搬到新英格蘭的工作，顯然會傷害她的婚姻，使得她為這個熱情焦點付出過高的「代價」（Price）。然而琴妮仍然渴望走出祖傳土地農屋，探索外面的世界，因此她找了一份每年有幾個月需要在外旅行的工作。羅伯特是個可以在家工作、也可以在路上工作的自由撰稿作家，於是他有時候陪琴妮出去工作，有時候則心滿意足地窩在家裡。這兩人必須判斷他們倆各自能夠忍受多長的分離時間，以及如何為彼此的喜好做點妥協。這種協商雖然困難，卻是可行的。

我收到琴妮和羅伯特從非洲坦尚尼亞寄來一張照片耶誕卡。他們在那兒為「人道居住計畫」蓋房子，照片上，兩人笑容滿面，並寫著：「我們利用假期休了三個星期的假，而且玩得很開心！」兩人都在卡片上簽了名。

PART FIVE

往前深入

12

掙脫最深層的束縛

聽你說到四個熱情焦點的概念時，我好興奮。我以為我會急著挑出自己的熱情焦點，然後馬上實踐。可是，老實說，我到現在連筆記都還沒開始看！你記得那幾次我用了哪些冠冕堂皇的理由解釋我為什麼沒做「作業」嗎？呃，現在我得誠實面對自己：我喜歡這個「做個多面向發展的人」的概念，但我好像被什麼擋住，使我無法身體力行。你能給我建議嗎？

——安迪，二十五歲

我希望，前面幾章已讓諸位了解到「多面向發展」是一種正常而健全的性格特質；你已經知道，就算有好多事物值得你專注，你在所熱愛的領域裡可能成為高手，但你不斷改變你的熱愛，你仍可以把人生安排得有條有理。讓你的多面向發展特質得到發揮，也會讓你在金錢方面得到回報。所以，此刻你應該是等不及要繫好鞋帶、趕著上路出擊，對吧？或許如此。有時候，多面向發展人才會發現自己不知為何竟然困住了，明明加足了馬力，輪子卻在空轉。

史蒂芬就是一例。他的家族在好幾代之前從蘇格蘭移民到美國，帶著強烈的工作倫理一起過來。這家族的家訓清清楚楚：「工作很辛苦，工作很嚴苛。長大成人就得幹活兒，其他的都別想！」史蒂芬家每一代都會傳誦一個迷途羔羊的故事，說他們家裡某一代有個歐拉夫叔叔，滿腦子想當藝術家，不願下田務農。這個傻瓜的下場如何？他在第一次世界大戰時壞了一隻眼睛，後來沉溺於杯中物，喝垮家產。

史蒂芬認清了自己的多面向發展特質之後，又有何造化？每當他有所成長，就算只是對於他所熱愛的事物產生一絲興奮之情，此時就會從天外冒出家族裡那句老話：「別傻了！」史蒂芬會立刻讓自己忙著做一大堆（無法滿足心靈的）農場差事，不讓自己有多餘時間去想那些邪惡的熱情啦、興趣啦、文藝復興人啦的東西。

史蒂芬的痛苦，若干讀者也許覺得心有戚戚焉。本章就要談到幾個可能會澆熄你心中火苗、攔住你往前追尋熱情的課題。有些難題很常見，但多半是一時的難關；有些則需要謹慎斡旋，方能破解。

抗拒，是一種自我保護的策略

先別自豪宣稱自己是個多面向發展的人才。請問，你是不是對自己都說不清楚自己的個性了，當然也就無法對別人說清楚？如果是這樣，那麼你也許已經不知不覺發展出一種自保的方法，不讓自己受到約束。例如我有個客戶提姆，總是找得到理由說明他為什麼無法開展他的熱情。不過，提姆漸漸接受了自己的多面向發展特質之後，找我一起琢磨他那些所謂的理由。他漸漸認清，自己每聽到一個新建議就找理由否定它，這是他用來對抗可怕生涯階梯的方式。因為提姆害怕，一旦他認真採納了新的建議，就得一以貫之，這在他的潛意識裡會轉譯為「一輩子無法擺脫」的意思。

提姆的恐懼，像是一個開口說想學跳踢踏舞的小孩可能會有的恐懼。母親把孩子送去上踢踏舞課，過了一個月或三個月，孩子曉得如何用雙腳發出踢踏聲響之後，隨口告訴媽媽說他不想再上課了。爸媽花錢給孩子學舞，又是買舞鞋又是接送上下課的，聽到孩子這麼說，又洩氣又惱怒，對孩子吼道：「當初是你說你想學踢踏舞的！」提姆在與我諮商的過程中，對於我們激盪出來的好主意一一加以挑剔否定，這其實是因為他不想承認自己「想學踢踏舞」。有些其他客戶也出現類似的反應，推託延遲、忘了重要的約診，或者說搞丟了「熱情焦點筆記本」。

直到提姆體認到：現在喜歡某個想法，不代表必須永遠投入，於是他那種「自己拆自己台」的模式便消失了，而且他很快就準備要嘗試「熱情焦點筆記」裡所列的項目。每當那種想推開新概念的熟悉感又冒出來，他便回頭閱讀他做過的價值觀習題。如果他的想法與他認同的價值觀兩相呼應，他就能帶著信心前進；如果他發現他的新想法與他的價值觀不符，他就放任自己去否定新的想法，而且知道自己並不是出於事事否定的舊習慣。

從父母傳下來的負擔

每一個人長大成人之後，都帶著家族或社群裡的某些指示（「你必須這樣！」）或禁令（「你不可以那樣！」）。在你以熱情焦點為基礎來規劃人生時，也許會發現自己踩到了上述各種「家規」的界線。某些人覺得這樣很刺激；有些人卻感覺這好像是蒙住眼睛走在伸出船舷的木板上，稍一不慎就會落海。你也許根本不知道自己為什麼掙扎。你掙扎，是因為來自家人的期望太多是沒有說出口的：該賺多少錢、女人到底能不能出頭、身為家中老么的你值得功成名就嗎……

我有個客戶安卓雅，她的雙親都是術業有成的知名教授。學術是這對父母的命脈，兩人也都從小就是學校裡的佼佼者。他們對於獨生女——他們的掌上明珠——寄予同等厚望。遺憾的是，安卓雅在求學過程中出現了罕見的學習障礙，但直到二十多歲才發現問題所在。對於有學習障礙的安卓雅來說，教室是一處令她備受挫折而沒有安全感的場所，於是她轉而投入大自然尋求慰藉。她來找我的時候，很清楚自己對於觀察鳥類與辨識野生動植物懷有極大熱情。但她明白，在她父母眼裡，這種事只是老人家與體弱者的嗜好，於是她繼續過著每星期花四十小時窩在不見光的大樓裡打電話募款的日子。為什麼？因為這是為某一所大學募款的工作，這使她得以與學術界維繫著一份安全的連結，以此符合家人的要求。她的雙親可以很驕傲地說：「我們在某甲大學教書，小女則在某乙大學工作。」

我還有個客戶珍妮特，她的母親幾乎足不出戶，彷彿對屋子以外的世界心懷恐懼，於是把全副心力用來替家人料理三餐與縫紉衣物，與珍妮特的外婆當年一模一樣。但珍妮特似乎打破了這種模式，她踏出家門，走進屋外的世界，辛苦工作。在珍妮特的眼裡，母親的世界與她自己的世界沒有多少關聯，直到我們發現她母親的想法：「我這麼可憐，不可以有人比我快樂！」珍妮特的母親苦於廣場恐懼症，於是她所有子女也非得受到某種折磨不可。珍妮特找上我的時候，劈哩啪啦發洩職場裡的不快，傾訴自己的際遇多麼不公平，以及她因為這個那個的原因沒辦法換工作。一說起自己假如命好一點就能去做她想做的諸多事情，她可以聊好幾個鐘頭。然而，一提到如何在某方面做出改變，對她來說顯然是一種碰不得的禁忌想法。所以，當珍妮特認為自己擁有多面向發展的特質，對我問出她「為什麼好像就是無法開始」的疑問時，我並不意外。

史蒂芬、安卓雅與珍妮特的家人對於他們的期望都屬誇張的特例。不過，不少人也都接收了某些家訓，說不定是以較隱微的方式傳遞出來的說法，而使得自己精心設想的計畫為之腰斬。譬如，府上「每個人」都從事法律工作；你們家裡沒有人會在「勞什子象牙塔」大學裡工作到「行屍走肉」。或者，你在成長過程中聽到家人說：「神智正常的人不會想當藝術家，因為藝術家都是餓肚子的人」；「神經病才會去當心理治療師」。你家裡人說，務實的工作最重要、不必多想？還是說，會計師這一行令人立刻聯想到「無聊」二字？

辨認出這些話語，有助於你面對並克服你的家訓。史蒂芬利用接下來即將介紹的練習做了一番思考，結果他發現，假如他認真學習拉小提琴，他其實不會像歐拉夫叔叔那樣弄瞎一隻眼睛。安卓雅發現這項練習使她清醒，足以坦白說起她那明顯存在、但家人從不討論的學習障礙問題。最後她費了九牛二虎之力，終於表明自己沒興趣與雙親一樣待在大學環境裡。在那次討論過程中，她對爸媽說出自己真正的興趣所在，也談到往後打算如何延伸這項愛好。安卓雅的父母聽了之後並不真的開心，但是安卓雅得到了解脫。在珍妮特的例子裡，她看見了母親傳下來的教訓之後，我們便找方法讓她不必困在悲慘處境裡也能體諒她母親。最後，珍妮特每個星期固定找時間陪伴母親，以同情的態度聆聽母親永遠說不完的「我好可憐」故事，然後把其他時間用來規劃自己的人生，這時她心中懷抱的是信念，而非內疚。

關於金錢的假設

你我都聽過家人對於金錢成就的說法。在你家，是不是以金錢形式出現的報酬才是有意義的報酬？你家人認定有錢人就一定自私、邪惡、貪婪、惡毒又不開心？也許各位在成長過程中有意無意地做出了假設：假使你變得富有又成功，別人就會嫉妒你，說你的壞話，想從你身上挖到好處才假裝跟你交朋友。或者你家族裡有個親戚很有錢，無時無刻不受人佩服或奉承。有些人一再聽人說起金錢是萬惡淵藪，金錢買不到快樂；有些人聽到的卻是：沒有錢，談什麼人生！

與錢有關的說法總是夾帶著濃厚的情緒色彩；你所接受的這類教誨，必定會影響到你對於人生的規劃。譬如，一個認為成功只會引人嫉妒或招來損友的人，也許常常在不經意間限制自己朝著多面向發展的熱情，不讓自己走上自知不會有成就的方向。這種曲解，令人覺得遺憾，卻是可以理解的。找出這些可能會阻礙你發展的家族訓誨，可以引導你去尋找相關的書籍資料、上研習課程或者心理醫師諮商，幫助你用更健康的角度看待此事。

對性別的刻板期待

有時候，家族傳下來的種種與金錢、事業或其他人生課題有關的看法，只適用於一種性別。對於出生在一九三〇至四〇年代的女性來說，女性的未來有特定進程：結婚、生子，若必須貼補家用就去當護士或老師。在史蒂芬的家族裡，所有男性理當以務農過一生。這些例子看來也許過時了，但請讀者記住兩件事。第一，我們腦子裡接收的這些看法，幾十年來由父母師長傳下，在我們的人生裡穩穩扎了根。若我們的父祖輩在成長過程中讀的是《組織人》（*The Organization Man*）這類書籍，看的是《一襲灰衣萬縷情》（*The Man in the Gray Flannel Suit*）這類電影，然後把這些作品裡的價值觀傳遞給子女，而子女即使從未看過那本書或電影，也可能會抱持這些老派態度，追求從一而終、忠於雇主、一輩子只做一種工作。第二，更多當代的思想或許也帶有同樣的壓迫色彩。事實上，不是所有女人都必須出人頭地或者都必須足不出戶；不是所有男人都必須把組織一個搖滾樂團當做自己的興趣——有些成年男子選擇在樂團當鼓手是他家的事。

在兄弟姊妹裡的排行

除了性別有所影響，出生排行也可能會左右你的想法。老大對於自己的看法往往與老么對自己的看法不同；家人對老大的期望也不同於他們對老么的期待。父母多半希望長子有強烈的責任感、務實、重視學業，而長女則應該分攤家務、照顧弟妹，經常還要體貼母親是否操勞過度。另一方面，老么也許成年之後仍然覺得自己見聞不足，或者覺得自己反正不會得到家人正眼看待。我有些客戶在家裡排行老么，他們已經四、五十歲了，依然認為「裝可愛」是面對人生種種課題時最能達成目標的技巧。夾在中間、上有兄姊下有弟妹的人，則可能會瘋狂追逐鎂光燈的關注，或者反過來過度恐懼成為焦點，這是由於他們在孩提時很少得到充分的注意。至於獨生子女則要思索自己是否太早熟、太急於以父母的喜好為喜好——因為父母是獨生子女僅有的玩伴。獨生子女也可能由於處在「小寶貝」的環境裡太久，長大後缺乏為自己作主的自信。

看待移民和外人的成見

有時候我們覺得自己不屬於任何群體，或者覺得一直打不進我們想進入的世界。這種感覺讓我們覺得自己是「外人」。對此，第一代移民及其子女通常很有共鳴，但不僅止於移民社群會有這種隔閡感。任何人都可能出現這種感覺，譬如自認不會打扮、常寫錯字、拙於言詞的人，也會在自己所屬環境裡覺得格格不入。另外，一個自認由於己身所屬種族、宗教、性別、階級或性傾向而不受歡迎的人，也會自覺是外人。

遺憾的是，這些遭受排擠的感覺有時候是真有其事，而且可能帶來莫大痛苦。這時，找同儕吐露，或加入相關支援或社運團體，也許會有助於你往前邁進。

改寫老舊的家訓

如果你正好受限於家庭的教誨或社會意見的限制，現在你該認清這個事實了。幸好目前有很多對策可以運用，幫助你戰勝那些扭曲的說法。專業的心理醫師可以提供這方面的建議；不少大眾心理學和成長勵志書籍也寫出了對應之道。當你又聽到舊時家訓發出了嚴峻而憤怒的聲音，你也可以嘗試一種我稱為「冷眼看待舊家訓」的練習。且讓我先描述這個練習如何幫助了一個活潑開朗、具備多重天賦的客戶。

亞摩斯出身於一個藍領階級家庭，他是家中第一個考慮爭取一份管理職位的人。同事與家人大力鼓勵他去爭取公司裡的某個職缺。亞摩斯躍躍欲試，但一直沒有採取行動。於是他來找我諮商。

很顯然，亞摩斯在「身體力行」——尋求升遷至管理職——這方面受到阻礙。我和他先做筆記，把他一想到要採取行動時心中冒出的負面想法都寫下來。不管是他對自己的看法也好，或者他與外界的關係也好，亞摩斯的負面想法如下：

一、在乎能不能成功，是自私自利的行為。
二、參加那種大型會議，我沒辦法衣著得體。
三、前進管理階層？這等於要我加入那個歧視我爺爺的族群！
四、我常常寫錯字，這樣他們就會發現我不屬於那個圈子。
五、你必須出賣一切才換得到升遷。

說出這些負面想法之後，亞摩斯萬分驚訝：「我根本不曉得自己心裡這樣想。難怪我一直困在這裡。」接著他微帶難過語氣地補了一句：「噯，我猜，我那個想升遷的念頭大概就到此為止了。」

幸好練習還沒結束。我們繼續找出藏在每個負面想法之下的假設。他的這些假設，往往是對於人性或人間形勢的概括看法（「如果我當上主管，沒有人會喜歡我」、「真正的女人應該要兼顧工作與母職」）。亞摩斯與我談著，漸漸看見了他對事物的假設。他把這些假設列在他負面思緒的後面：

一、在乎能不能成功，是自私自利的行為。（成功的人都是自私的。）

二、參加那種大型會議，我沒辦法衣著得體。（那些人知道一些我不懂的東西。）

三、前進管理階層？這等於要我加入那個歧視我爺爺的族群！（主管都會用有差別的心態待人處事。）

四、我常常寫錯字，這樣他們就會發現我不屬於那個圈子。（比起我這種勞工階級出身的人，主管級的人本來就比較不會寫錯字。）

五、你必須出賣一切才換得到升遷。（升遷的標準不在於你的為人如何，也不看你實際擁有哪些技能。）

然後他抗議說：「就算我有這些假設性的看法，那又怎樣？」別急，還沒完呢。接下來，我們要把上述每個負面想法用一個代碼來標示，如果亞摩斯認為要用兩個以上的代碼來代表才合適，他可以悉數列出。接下來的練習如下所示：

・我心中那個已經長大的成年自我，真心相信我前面所寫下的論點嗎？若否，以X標示。

・如果我認為哪一條真的對我很重要，我能否學著去做到它？若能，以L標示。

・有什麼方式可以讓我修正這個與人間有關的「事實」嗎？有什麼方法能讓這個事實不對我造成影響嗎？若有，以M標示。

亞摩斯仔細看著他所列出的負面想法，最後認為他並不真的相信第一、第三、第五條，於是他在這三項加上X。他覺得自己可以學著打點外在，於是把第二條標示為L。他認為，如果寫出正確的用字對他很重要，那麼他可以加強這方面的能力，或者利用可以檢查錯字的電腦程式與字典，於是他也把第四條標為L。然後，亞摩斯重新審視那份列表，又在第五條的X旁邊加上M。「也許有些人會為了升遷出賣一切，但我把我的榮譽看得比荷包重要。這一點我很確定。」

「我覺得我看得比較清楚了。」他笑著對我說。

但是，最後一道步驟才真的能為亞摩斯確立他的想法：我請他把他領悟到的心得寫成一份摘要。他這麼寫：

我擁有良好技能，我也知道自己有能力規劃計畫。可是，人必須位於管理階層

才能做規劃工作。所以，為了升遷，凡是該做的事我都會去做。我會尋找穿衣方面的建議，學著寫出像樣的文章，不再錯字連篇。而且我要從自己的技能出發來爭取這份職務。假如我升任主管，我還會是原來的我，我也會努力用公平無私的原則對待他人。

這個把舊日家訓攤開來檢驗的過程，徹底改變了亞摩斯對於往前邁進的感受。他自覺意志動搖的時刻，便把這段摘要拿出來讀幾遍。

想像出來的恐懼與焦慮

你放開了熟悉的想法，上路尋求新天地，途中你也許會出現某些擾人的症狀。譬如，你的食欲改變了；你到了晚上反而更清醒，或者反過來你一覺睡到隔天中午；你心跳加快；你覺得五臟六腑上下翻攪。這些症狀說明了：你在害怕。

「恐懼」是完全正常的反應，是人類面對未知時必然會出現的反應。人在恐懼時，腎上腺素和可體松這類壓力賀爾蒙正在我們的神經系統裡建築防禦工事，以對抗一切我們認為危險的事物。無須排除恐懼感。如果你正在嘗試新事物，你很興奮或者很激動，也許你一輩子就在等待這個機會——這時你就可能覺得害怕。

準備上台發表論文的專家也好，準備接受面試爭取高一階職位的人也好，誰都知道恐懼為何物。然而，對於一個喜歡走上新的方向或者不再想領薪水而準備創業的人來說，恐懼是經常冒出來的同伴。這是因為像我們這種人經常在變換處境、職位等等「標籤」；而變動會引發恐懼。我一再聽見這些興趣駁雜的人們說出他們的恐懼：怕失去原有基礎，怕吃閉門羹，怕自己斷了自己的後路。這些畫面鮮明而恐怖。用另一個畫面來比喻的話，我會說：他們像是表演高空鞦韆的馬戲團藝人，在半空中從這一端的鞦韆盪到另一頭鞦韆。

或者再換一種畫面。請你在心裡想像一隻龍蝦，蜷縮在合身的殼裡，那是牠熟悉的外罩。可是龍蝦會長大，必須掙脫那堅硬的保護殼，讓出空間給新生的殼。舊殼一旦破開，龍蝦只剩下薄薄一層新殼保護自己。外殼如此變化，龍蝦理應恐懼，因為在換殼的時候很容易受到傷害。可是這種脆弱狀態是長成大龍蝦的必經過程。隨著時間過去，新殼會變得堅硬而發育完整。如果龍蝦不願脫離原有的老殼，牠只會落得發育遲緩的下場。有些人為了逃避隨著改變而來的恐懼感，便以「現在還不是時候」、「我現在承擔不起這風險」，或「我實在太忙」之類的藉口向恐懼投降，像一隻不肯蛻殼長大的龍蝦。

讓恐懼發揮功能

雖然恐懼是永遠無法消滅殆盡的，但我知道幾種可以軟化恐懼的訣竅。請你先認清楚一件事：你可以作主，你可以選擇一：任憑恐懼使得你四肢癱瘓，把你限制在你覺得安全舒服的範圍裡。二：大談「有朝一日」你一定要去做哪些事情，或者「只要在某某條件下」你就能做到哪些事。三：你可以拖延，任憑自己大材小用，永遠不嘗試任何不能百分百保證讓你安全落地的事情。你還可以選擇四：把恐懼當成活力的來源，利用恐懼感來驅動自己上路。

我這麼打比方好了，假設你得做一場簡短的演講，必須對著大庭廣眾說明你的熱情焦點。你以前從來沒對外演講過。你會如何反應？你可能會說：「我實在不知道怎麼辦！」然後待在家裡不出門。你也可能會選擇就去做它，並問自己：我到底是在害怕什麼？我這些恐懼感對於我接下來的準備工夫提供了什麼幫助嗎？

你擔心的是上台後會結巴嗎？請你多多練習，直到把講稿文辭記得滾瓜爛熟。接著你閉上眼睛，想像自己輕鬆說話的樣子。你甚至可以想像臨場出了狀況——譬如你的聲音開始發抖——然後盤算你該如何處理。

你擔心的是現場器材會出問題嗎？請你提早抵達現場，先調整演講台和麥克風的高度，確保播音系統不會發出干擾噪音。

或者你擔心自己上了台卻腦中一片空白？請你及早準備幾張三乘五吋的資料卡，帶在身上，幫助自己記下演說內容。

不論你採取何種步驟，你都可以感謝你的恐懼感幫助了你準備這一切對策。著有

讓恐懼發揮功能的例子

一、恐懼

我討厭拿起電話向別人請教事情。

二、拆解恐懼

除非有人建議我打電話給某人，否則我不喜歡打這種徵詢電話。

如果電話接通後直接進入答錄機狀態，我從來不知道該說什麼才好，結果總會留下很蠢的留言。

我對於商業趨勢的了解不夠。說不定對方會提起我聽都沒聽過的當紅暢銷書！

三、準備動作

我要在教會裡四處打聽，看我是不是真的找不到人認識我即將打電話的這位對象、能讓我端出他的名字。找到後我可以說：「某某某建議我打電話來找你。」

我可以先大致寫下留話的重點，再撥電話。

我可以先想出一個誠實的、但我也覺得自在的回應，譬如：「我得承認，我最近忙著拓展業務，沒怎麼讀書。不過您提的那本書聽起來很不錯，能不能請您再說一遍作者的大名？」此外，我可以花十五分鐘瀏覽報紙週末版面的一週商業大事記和暢銷書排行榜，以緩和我這種焦慮感。

如果我得到這份在華爾街工作的分析師職務，我賺的錢會比大學時代的朋友都多。那時他們還會喜歡我嗎？	人們都只喜歡成就與自己差不多的人，或者成就不如自己的人。	我表哥做的生意動輒幾百萬美元，他是我的榜樣。他很會賺錢，但我沒有受影響，還是喜歡與他一同釣魚。這就提醒了我一件事：我應該在我有限的閒暇裡撥出時間，找大學時代的老友一同釣魚。
我怕自己在運動時受傷。	萬一我像我朋友傑基一樣拉傷肌肉，該怎麼辦？	我在運動之前可以先做伸展操，並且慢慢建立一套安全的、屬於我自己的運動習慣。而且我得提醒自己，假如我不運動，哪天得拔腿追趕公車時才真的會拉傷肌肉呢！
我會知道如何處理新事業的財務嗎？	我該如何為我的產品定價？	我可以去逛各種賣場，了解各種類似貨物的定價狀況。
	我聽說小型企業的帳目記錄非常複雜。萬一我把帳目搞混了怎麼辦？	我可以致電本地商會尋求指導。我還可以請教我大嫂，她當初開辦電腦顧問事業時如何管帳。
萬一我升任副總了，卻發現自己無法勝任，該如何是好？	將來我得去外地出差。我該怎麼隱藏我對搭飛機的恐懼感？	我記得我讀過有關如何用催眠法來克服恐懼症的資料。我可以上網查，或請我哥代我請教他的心理醫師。
	我該如何穿出得體的服裝——我穿家居媽媽裝太久了。我不會穿衣服了！	這時還不問朋友，那交朋友幹嘛？至少我可以翻一翻服裝型錄和時尚雜誌，從最近流行款式裡尋找靈感。

《12週開發創意潛能法》（*The Artist's Way*）的茱莉・凱蒙（Julia Cameron）提醒了讀者：「焦慮就是燃料。我們可以運用焦慮來帶動書寫、作畫與工作。」

說出你的恐懼是什麼，並把它拆解成明確的煩惱，然後讓那些煩惱教導你如何做準備。以下表格整理出幾種常見的恐懼形式，也列出哪些工具可以把恐懼化為前進動力。這些例子告訴各位如何讓恐懼為你效命。這個過程牽涉到三個步驟：指出你的恐懼；把恐懼拆解成明確的煩惱；預先備妥面對焦慮的方法。

此外，你可以做些好玩而不那麼合邏輯的事，藉此穩定心神：在你做著你所害怕的差事時，不斷重複說著與此事有關的、傻氣的、有宗教意味的或褻瀆神明的字句。身兼作家、藝術表演工作者和創業家身分的卡蘿・洛伊德，說起她自己傻乎乎的咒語：「我默念著：『你們都是蟲子你們都是蟲子』，或者『祝福我吧祝福我吧』或者『可愛的爛人』（或其他措辭強烈的語句），以此克服我預料中那種會令人癱瘓的恐慌感，然後就往前邁進。你說出的那些放肆的咒語會佔據你的意識，讓更深層的內在接管你自己，放手進行眼前的工作。」

有些時候則比較適合採用具體的想像畫面。把你所有的恐懼想像成堅硬的冰雹，從天上往你頭部砸下來。接著你深呼吸，想像那些嘩啦落下的冰雹融化在輕柔的早春細雨裡。繼續緩慢呼吸，並想像和緩的流水滋養著一朵又一朵番紅花，最後整片原野都是新生的植物，每一株都帶著活力與希望。

把失敗當作禮物

「恐懼可以轉化為禮物」的這個概念，特別適合用來克服「我不會成功的」這種常見的恐懼感。太多人不給自己機會嘗試新事物，只因為害怕失敗。你不妨回首過去那許多次以灰頭土臉收場的付出，而那些「失敗」裡面含藏著你日後才能體會的禮物。我有個當電影導演的客戶史都華，他成長於一個強調男兒有淚不輕彈、事事「我自己來」的家庭。不管電影公司交代任何棘手案子給他，他都有辦法排除困難加以完成，為此他很自豪：「電影裡那種單槍匹馬進城擊敗壞蛋的獨行俠警長，我一向感同身受。大家都知道我做得到。」於是，史都華構思了一個他有意獨立完成的拍片計畫，家人與朋友都表示鼓勵。後來呢，史都華的偉大構想遇上了經濟不景氣，變成一場財務大難關。這項拍片計畫從未完成問世。獨行俠警長沒有贏。史都華從那場「失敗」中得到了什麼嗎？他說：

就在我家開始慘澹度日，我不得不遣散所有員工，然後告訴老婆我們已經血本無歸的時刻，有件事情發生了。現實逼人，我只好把自尊擺在一邊，把教養拋開，我竟然真的對外求助了。我向銀行借錢——這種事情以前我也做過——還要向我認識的人開口！我向朋友家人求助，甚至找上我老爸。他們都來幫我度過難關。有人出主意，有人幫我找關係，有人甚至還掏腰包。最後我沒能把拍片計畫救回來，但

從某種程度來說，這個經驗大大改變了我的想法。如果拍出了這部片，讓我成為百萬富翁或億萬富翁，我所得到的收穫都不會比我被迫求助來得多。是失敗使我明白，三個臭皮匠勝過一個諸葛亮，幾顆腦袋勝過一個人的全部能耐。從此以後，我再也不在未籌組團隊的情況下就單槍匹馬投入拍片計畫，這真是我人生的轉捩點！

其實，你害怕成功？

我進行團體諮商的場合裡，幾乎每一次都有人說：「你說，我們這些害怕成功的人該怎麼辦？我不知道聽過多少次別人說，我就是因為害怕成功，才會每逢成功在望之際就棄船逃亡。」旁邊其他成員也會表情痛苦地點頭附和。我總會講幾個客戶與朋友的故事給他們聽：那些人不想超越父母的成就，或者長久以來對於「受稱讚」這件事帶著負面經驗（他們在兒時也許曾經覺得，別人稱讚他們是為了強迫他們做別的什麼）。或者他們帶著幾條與成功有關的「禁令」，例如「大家會嫉妒我」、「我會變成有錢人，也就會變成別人的『敵人』」。對這種人來說，本章的多項建議就很有幫助；或者也可以尋求心理諮商。

然而，對於一個多面向發展人才來說，面對「你害怕成功嗎？」這個問題，只有一個答案：「才不怕！」我會這樣說是出於兩個理由。第一，害怕成功的人不會努力付出直到「成功在望」，卻會讓自己徹底失敗，以此當作保護自己的手段。第二，一個多面向發展的人才，是在順利度過重重關卡、發現無事可挑戰的時候，才會中途跳船；這種人不怕成功，就像小龍蝦不害怕破殼而出。我們不會被成功搞得心浮氣躁，我們只是甩開它！

缺乏積極的動力

比起受到老舊教誨的禁錮，或者自覺柔弱與恐懼的情況，缺乏動力是比較嚴重的問題。缺乏積極動力，意味著無法對任何事情產生興奮感。沒有一丁點兒東西能點燃你的火焰——如果你就是這樣，那麼你在閱讀接下來的段落時，只要你腦袋裡又有一只燈泡熄滅了，那麼你也許該尋求專業的醫療或諮商，幫助你越過這道障礙。

時運不濟

你準備按照新的人生藍圖前進了，但你背負著一些你不見得願意承受的負擔：家裡有人重病臥床、必須照顧年邁的父母、公司精簡人事使得你工作量龐大。這些沉重的責任不容易承擔，你沒有多少氣力追求真正的愛好。

諷刺的是，人們往往要遇上重大事故或傷痛之後，才不得不重新審視自己的人生抉擇。而這時我們可能尚未做好萬全準備。這種時候，你要「想盡辦法」把你剩餘的有限精力用來減輕你的負擔；如果你做不到，那麼請你等候一段時間，先度過這道難關再說。如果你正逢痛失所愛，請你千萬記住：你的悲傷無法像外人期待的那樣快就消退。你因傷導致身體機能障礙已有六個月了，或至親摯愛去世都一年了，不代表你已經能朝新方向前行。事實上，新近研究顯示，重大事件造成的陰影，經過好多個週年紀念日之後也未必能揮除。

不論你是要扛起額外負擔，或者面對重大打擊，你都得記住：如果必要，你可以允許自己暫時脫離「熱情焦點」幾個月，或者更久。暫時抽身不是一種失敗，而是為了保證你會在狀況轉順之後，帶著重新提振的熱忱，回到熱情焦點裡。

尚未診斷的疾病

有些人不斷冒出一些身體不適症狀，掙扎數月甚至好幾年，誤以為那是對工作的焦慮或者只是想逃避工作所致。如果你已經知道了如何辨認自己的熱情所在、如何結合幾種主要興趣，但你還是無法打起精神付諸實行，那麼你也許要考慮做一次徹底的體檢。未經治療的慢性失調徵狀，例如貧血、慢性疲勞症候群、甲狀腺問題、季節性的輕度不適、更年期症候群或近更年期症候群、免疫不全，這些都可能讓人由於疲累而無法安排新生活。此外，藥物治療，特別是綜合性質的藥物治療，可能會令你昏昏欲睡，或者焦慮到不尋常的程度。如果你目前一次要服用好幾種藥物，請向你的醫師報到。（但不要擅自停用任何一種藥物，除非醫師指示。）

誰都會由於長期的抑鬱而無精打采。卡蘿・艾克貝里（Carol Eikleberry）博士在《創意人與非傳統人士的事業指南》（*The Career Guide for Creative and Unconventional People*）一書裡指出，消沉情緒不一定會以清晰易辨的面貌出現。她提到某些客戶「自認不屬憂鬱一族，因為他們並沒有悲傷難過的情緒，但他們的確有空虛感或麻木感，或者覺得極為倦怠」。精神抑鬱的人可能會把這種淡漠的情緒誤認為自己性格上的缺陷，可能會整天睡覺、電視看個不停、盡可能無所事事。有時候，可怕的長期失眠其實是一種憂鬱症的表現。也有憂鬱症患者會變得不注意個人衛生或周遭環境清潔。我多年來接觸憂鬱症客戶的經驗，使得我可以支持艾克貝里博士的看法：「如果你沒有前進……那是因為你太累，所以你哪兒也去不了。你也許應該先去治療憂鬱症。」

過往的創傷

我有些客戶，他們身體健康，接受諮商前好些年裡不曾遭逢重大傷痛，卻難以對任何新計畫產生興奮之情，即使知道了自己具備多面向發展的特性也不覺得開心。在這種案例裡，客戶過去的人生經歷裡往往包含某些因素使得他們無法活在當下。受虐經驗、戰爭創傷、侵害等等恐怖往事，強烈影響了你發揮多面向發展特質和你的樂趣指數。在此我不解說這種錯綜複雜的心理現象，只指出此一現象會透過四種模式干擾人生藍圖的規劃。

一、刻意讓自己關注某些事物。你是否養成了某種行事風格，譬如永遠保持超級忙碌、超級警醒、超級控制著人事物，用這種方式來讓自己不至於想起往事；或是因為你相信這種行為模式可以保護自己，不讓創傷經驗重演？若是如此，那麼你已經把創意用在別處，而沒有多少精力可以用來揮灑你的興趣了。我有個客戶名叫黛博拉，她說過以下的抱怨，你聽了有共鳴嗎？

「我老是認為，只要我勻出更多的時間，我就可以動筆寫詩了。不過，等到我把某個週末留給自己或者遇上假期，我期望中的詩興從來沒有冒出來。我就安安靜靜坐在露台上，欣賞著我花了大錢才看得到的湖光山色，好個重新擁抱詩人靈魂的理想場景呀。最後，我光坐著，啥事兒也沒做，這令我焦慮，於是我就近抓起一本書來讀。有時，在我認為我應該要遺忘電話這玩意兒的時候，我卻撥起電話找人說話。有時候我甚至會替自己找別的差事兒做，例如寄明信片給每一個我認識的人，卻就是不想把一個人的時間拿來認真思考、用心感受。然後帶著無比挫折的心情回家。」

當然啦，喜歡保持忙碌的人，不是個個都受過創傷；有些人是天生的勞碌命。但，在小說家康妮・佛勒（Connie May Fowler）筆下，出於逃避而讓自己忙得團團轉的人是這樣的：「如果我讓自己忙著做某件事，或許就能阻止眼淚滑落臉龐，即使只攔住一滴也好。」當你讓自己埋首於某種活動，藉此逃避某種創傷源頭狀況，或者不讓自己關注那痛苦的思緒，這種做法看起來可以讓你順利做完其他事，但是，只要你覺得安心，你其實可以把時間花在對你更重要的事物上。好好處理這種行為模式，有助於你追求對你有意義的熱情。

二、孤注一擲，或者同歸於盡。我有些客戶在小時候受到酗酒人士傷害。父母親裡有一方是「瘋狂型」個性，會在子女情緒上造成壓力，或者以暴力對待孩子，對孩子性侵害。這些客戶從小就知道必須保守家中某樁祕密，不得張揚。人遇到了別人要你守密的時候，要嘛就乖乖閉緊嘴巴，要嘛就不管什麼守不守密，通常沒有其他餘地可言。這種狀況埋下了一種後果，使得孩子帶著「不是這樣，就是那樣」的思維到長大成人。假如你正好有這種狀況，你也許會害怕假如你對於自己的多種熱情產生興奮之情，你就會變成盡是玩耍不做正經事，再也無法擔起責任。你「知道」自己若不是抓住每一個送上門來的公開演講場合，要嘛就全部不要。你很難相信自己可以只做其中某一些，而不必全部都做；你也很難相信自己可以從喜愛的事物中得到快樂，同時仍能完成你先前已經投入的其他活動。

三、隱藏祕密，尋求認可。若你年幼時曾遭虐待，你很可能會認為，都是因為你不好或做錯事，才會遇上那些慘事。年幼的你，還沒有能力認識到，大人可能是受到了酗酒、精神疾病、失業、種族歧視、生理健康問題、對同性的憎惡或生活壓力等因素的作用，才會對你動粗。結果你變得很容易把事因歸咎於自己；除非等到日後有一天你得知當年處境的真相，而且知道原因所在，否則你很可能就這樣背負著錯誤的恥辱長大，如此這般生活好多年。然後你認為別人只要認識你多一點之後，就會發現你內心深處那可怖的祕密。為了隱藏那個祕密，你可能就會尋求表面形式的認可——這是一條不歸路，造就出瑪麗蓮．夢露或「貓王」艾維斯．普里斯萊這類人物，雖然得到了成功，最後卻以悲劇收場。

小說家烏蘇拉．荷姬（Ursula Hegi）對於這種恥辱的力量做出了生動的敘述，在她筆下，某個人物的「恥辱感深深埋在她的胃裡一處熟悉的所在。她吃下肚的食物還來不及給予她營養，就被這恥辱先據為己有」。如此低落的自信和深沉的恥辱感，怎麼可能成為健康的土壤好供夢想發芽開花呢？遇到這種案例，我大力建議先施以具有治療性質的「肥料」。

四、隱藏在不被別人看見的外殼底下。有些人會覺得，反正沒人關心他們，於是放任自己發胖、消瘦、完全不發出聲音、安靜無比、毫不講理，自認這是安全做法，可以使自己不再受到虐待。如此這般，他們砍斷了自己的某些天賦與熱情。這樣的人若想好好規劃人生，最好聰明到知道要去尋求好的諮詢。

對於曾經遭受創傷、憂鬱症等嚴重問題的人來說，還是有希望的。到處找得到心理醫師，這些專業人士能善用多種方式對於上述困境提供助益與療效。此外，藥草與人工合成抗憂鬱藥物已有重大突破，大多數人都可以找到適合個人體質又不造成嚴重副作用的藥方。現在很多地方都設有各種支持團體，包括聲援酗酒中毒者子女或性侵害倖存者的社團，這可以在報章雜誌網路上找到。我曾經目睹一個懷著智慧與勇氣對外求助的客戶，我身邊也有這樣的朋友。如今他們都感受到新的可能，人生亮了起來。

經驗告訴我，身上比較沒有頑固難題的人，比較容易克服上述難題——而且多半是靠一己之力就能克服。倘若不是嚴重的憂鬱症，那麼只需要辨認出那些令人挫折而沒完沒了的腦中聲音內容是什麼，就能解決問題。一點自知之明，加上一絲勇氣，就足夠讓你建立更誠實的思惟習慣。當你在對抗自家庭訓之類的障礙時，也不妨尋求心理諮商。只要能讓你再度發現自己開始渴望採取行動往前進，你就知道你用對工具了。

當你的車輪不再原地打轉，開始載著你上路，逐步接近你想做的事——這種感覺非常棒。祝你有一場偉大的冒險。

結語 成為別人的模範！

我讀高中的時候，祖父特別為我製作了一份「成就獎狀」，只要我在某一方面表現出了自己，就會獎勵我。他花錢請了一名書法家，寫下我在高中參加的所有活動，包括我去醫院當義工、編輯學校畢業紀念冊、把儲蓄用來投資、做縫紉活兒、在教會唱詩班上表演、駕駛帆船、組織高中畢業舞會和參加學生會。我把這張獎狀掛在衣櫃上，直到我現在六十多歲了，每天早上起來換衣服時還是會看到它！

——珊卓拉，六十三歲

如果你父母懂得該如何鼓勵並支持一個擁有多面向發展特質的小孩，你的人生會是多麼不同？

如果你的高中輔導老師在詢問你「長大之後要做什麼？你上大學後要主修哪一科？」的時候，不硬是說答案只能有一個，你的人生會是多麼不同？

如果你的老闆知道該如何發揮你對於新奇事物的興趣，你在工作上會不會變得更

多面向發展的文藝復興靈魂人才：過去，現在，未來

過去：譚榮光（Tam Wing Kwong），出生於十九世紀末的中國，幾乎會彈奏漢樂樂團裡的所有樂器。他還兼有化學家與貿易行老闆的身分，並「順便」撰寫了一本中英字典，發明了一種新字體和電報系統。他在一九二〇年代開風氣之先，於香港創辦了一所結合身心靈成長的學校——是誰奔走募款，使該校成為香港唯一一所免費學校？當然就是這位多才多藝的譚榮光！

現在：史帝夫．約翰，核子物理學家、顧問公司董事、國際藥廠總經理，並兼華爾街財務公司資深副總。他擁有會計師執照、企業管理碩士頭銜和組織發展博士學位。他閒暇時間以駕駛帆船、修復古董車自娛。他未來計畫執導一部紀錄片，探討安達信會計師事務所由於安隆案而垮台的事件。

未來：我們家附近一所圖書館在二〇〇三年展出了一位中學生的詩。漢娜．布拉薩德（Hannah Brasard）的詩作旁，有一張她雙手的照片。

手

我是在一張紙上素描的藝術家。
我是投籃的籃球手。
我是七月四日揮舞國旗的美國人。

我是彈奏音符的鋼琴家。
我是躍入冰涼池水的泳將。
我是在露水沾濕草地上衝刺的足球員。

我是愛爾蘭人，慶祝聖派翠克節。
我是從陡坡高速滑下的滑雪手。
我是合唱團歌手。

我是妙筆生花的作家。
我是翻閱書冊的讀者。
我是天邊拱起的彩虹。

——漢娜・布拉薩德

有生產力？

如果你的朋友、伴侶和手足，並不期望你找到一件事之後終生奉行不渝，你和他們的關係會不會更好？

如果你對上述問題的回答都是「是」，請你考慮開始自己教育自己，好為其他同樣是醜小鴨的人們減少一點他們人生路上會遇到的障礙。

你可以幫上什麼忙？

你可以對那些和你相似的人分享你的經歷。告訴他們，辨認出自己的多面向發展心靈，是如何改變了你對自己和你對未來生命的看法。

你可以讓別人知道有《熱情人生的冰淇淋哲學》這樣一本書，和這樣一個網站www.RenaissanceSouls.com。我們竭盡所能，向世界展現多面向發展人才的真實面貌，這個網站上提供了有關全美各地相關的夥伴、前輩導師、輔導人員與同儕團體資源。

隨著你繼續你的人生，不妨與我分享任何你認為也能幫助其他多面向發展人才脫困的見解或實例。你可以上前述網站聯絡我，我會把你分享的故事或想法透過網站、講演、研習營和本書新版向外界傳播。

你最能做的一件事，就是繼續成長、繼續改變。當一個具備多面向發展特質的人對於自己的新身分覺得更自在之後，羞恥感便會褪去，出現正面的感受。我們主張：

「我不想再做一個不像我自己的人！」這樣的誠實會對別人發出神奇影響力，讓他們也找到勇氣大聲說：「我要找到方法脫離這種爬階梯似的狹窄職業生涯。我要培育每一部分的自我。」然後，又有人會有勇氣大聲說：「我覺得，真的可以一方面研究針灸，同時寫作，而且還設計自己的屋子。至少我認為這樣很好！」

當世人逐漸認識了多面向發展的真相，就會有更多人開始知道，接受真實的自己，有益於保持心靈清醒、獲得幸福感，並發現自己能為世界做出什麼貢獻。老師們、老闆們和身邊最親愛的人們，也會開始接受我們追求多種愛好的這種特質，知道我們這樣一點都沒有錯，反而是正確的。我們有權投入各式各樣勾起我們熱忱的活動，而且不限於一次只能做一件事。

你可以告訴別人：「enthusiasm」（熱忱）這個英文字，源於希臘文的「entheos」，意思是「在神裡面」。

擁有一顆多面向發展的心靈，是上天給的祝福。希望你能向全世界散布你得到的這項祝福。

國家圖書館出版品預行編目資料

熱情人生的冰淇淋哲學（經典新版）／瑪格麗特・羅賓絲婷(Margaret Lobenstine) 著；劉怡女 譯. 二版.——臺北市：大塊文化, 2020.02
320面；16×20 公分.——(Smile；81)
譯自 The Renaissance soul：life design for people with too many passions to pick just one
ISBN 978-986-5406-49-3 (平裝)

1.職場成功法 2.生涯規劃 3.職業輔導

494.35 108022223

LOCUS

LOCUS